自然科学通识系列
General Science

揭秘希格斯粒子

[德] 海因茨·霍利斯
[日] 矢泽洁 著　　宛彪 刘柏君 译

人类对科学世界的探索是永无止境的。我们肉眼所不能见到的基本粒子世界是什么样的？这个问题不止物理学家感兴趣，相信其他领域的人也曾思考过。本书以“希格斯粒子的发现”故事为开端，用通俗易懂的文字讲述了希格斯粒子的发现之旅，带我们寻着物理学家的研究脚步，畅游基本粒子物理世界。通过本书，我们不仅可以了解物理学家的思考方法，还可以追溯形成宇宙的基本粒子和它产生的物质世界。请翻开本书，一起感受物理学的迷人之处吧！

北京市版权局著作权合同登记　图字：01-2019-7819 号。

图书在版编目（CIP）数据

揭秘希格斯粒子 /（德）海因茨·霍利斯，（日）矢泽洁著；宛彪，刘柏君译. —北京：机械工业出版社，2022.5
ISBN 978-7-111-70250-4

Ⅰ. ①揭…　Ⅱ. ①海… ②矢… ③宛… ④刘…　Ⅲ. ①粒子物理学－普及读物　Ⅳ. ①O572.2-49

中国版本图书馆CIP数据核字（2022）第034511号

机械工业出版社（北京市百万庄大街22号　邮政编码100037）
策划编辑：蔡　浩　　　　责任编辑：蔡　浩
责任校对：李　婷　张　薇　责任印制：张　博
北京利丰雅高长城印刷有限公司印刷

2022年7月第1版 · 第1次印刷
130mm × 184mm · 6.25印张 · 133千字
标准书号：ISBN 978-7-111-70250-4
定价：49.00元

电话服务
客服电话：010-88361066
　　　　　010-88379833
　　　　　010-68326294
封底无防伪标均为盗版

网络服务
机　工　官　网：www.cmpbook.com
机　工　官　博：weibo.com/cmp1952
金　　书　　网：www.golden-book.com
机工教育服务网：www.cmpedu.com

前　言

本书以希格斯粒子为关键词，带我们畅游肉眼所不能见到的基本粒子世界；同时也带我们快速了解了一生致力于探索基本粒子奇妙世界的物理学家的自然观和思考方法。

“希格斯粒子是赋予物质质量的粒子”——我想现今社会上有些人看到过这样的说法，抑或在脑海中留有印象。为何这些乍一看不明其意、无法让人理解的词语和概念会在社会上被突然普及呢?

2012年7月4日，世界各大媒体在头版头条争相对希格斯粒子的发现进行报道，这一概念迅速普及的契机就在于此。甚至，平时对基础科学、基本粒子物理等领域几乎不感兴趣的普通媒体也干脆以大标题争相进行了报道。

这些报道无疑给人们留下了深刻的印象。大家总算都觉得希格斯粒子似乎具有相当重要的意义了。尽管这样，这些文章听起来确实让人觉得有些杂学意味或者带有些许可笑凑热闹的成分。

为了寻找这种几乎无人知晓、未曾见过的希格斯粒子，到目前为止，各国已经累计投入了相当于数千亿日元的资金。如果把前一阶段的费用也算在内的话，那么已经有几万亿日元了。将来在寻找这个粒子上投入的费用应该会更高。这样的结果我想无论是谁，都会想先去了解了解希格斯粒子是什么吧，哪怕仅仅是一个概要。

巨额投入已经成为科学研究中难以忽视的问题。本书卷首的章节中，向希格斯粒子计划捐赠巨款的英国科学大臣对研究人员说："我完全不知道希格斯粒子是什么"，并强迫他们提交一份必须在一页纸内、用谁都能理解的语言做出的说明。

出于同样的原因，20世纪90年代，在美国得克萨斯州的沙漠中进行的超大规模希格斯粒子探索项目（超导超级对撞机，SSC）被迫叫停。从联邦预算中支出高达约2万亿日元的建设费，本来就受到强烈批判。正好那时，在美国的笔者要到得克萨斯州现场采访，对这个消息感到无比震惊和失望。

为什么要投入巨额经费去寻找那些肉眼看不见、闻不着、吃不到的粒子呢？抱有这样疑问的人当然多少会想要知道这些粒子到底是什么。

为此，本书首先从"希格斯粒子的发现"相关报道背后的一些纪实故事开始说起。通过这些故事让我们来看科学家以及科学记者都在关注什么，期待什么，或者不期待什么。他们所关注和期待的，与巨额经费这种现实的需求，以及为他们提供全部研究经费支持的一般社会关系是怎样的。让我们同时去感受这些理由和背景。

我想以希格斯粒子为契机，稍微详细地去追溯形成这个宇宙的基本粒子和它产生的物质世界。因为如果不能纵览全局，那么希格斯粒子，其他所有的基本粒子和它们所组成的原子和分子，以及构成我们身边一切要素的物质和宇宙起源都是看不到的。

顺便说一下，这个领域的科学家，包括理论物理学家、基本粒子物理学家和实验物理学家之中，有很多诺贝尔物理学奖获得者，他们多次在科学史上留下了光辉的业绩。其中日本的获奖者也不少，像汤川秀树、朝永振一郎、小柴昌俊、小林诚和益川敏英等人。此外，南部阳一郎虽然是美国国籍，但也必须加在其中。

从希格斯粒子发现的历史来看，我们会发现这些日本人有很多都对希格斯粒子的发现做出了非常重要的贡献。

另外，笔者的团队曾对本书中提到的两位诺贝尔奖获得者进行了当面采访。他们给基本粒子物理史锦上添花，做出了突出的贡献。他们分别是完成夸克理论的默里·盖尔曼和电弱统一理论的代表史蒂文·温伯格。我们曾到盖尔曼在新墨西哥州的家里拜访，也曾在一个炎热的夏日在得克萨斯大学的办公室里与温伯格见面。更有美国著名的加速器研究所的科学家带我参观了他们的研究现场。他们的名字我就不一一列举了。我至今对他们怀有敬意和亲近感。

希格斯粒子和基本粒子物理的世界就是由这些人建立起来的。对于这个充满迷人色彩、不可思议的，且至今仍未完成的奇妙世界，如果本书能起到一些向导作用的话，那将给笔者以莫大的喜悦。

本书在软银创意（SB Creative Corp.）科学书籍部益田贤治主编的推荐和支持下得以出版。在此深深感谢益田主编。同时也感谢身在德国，同时承担本书合著的海因茨·霍利斯，以及进行内容检查和图片收集的矢泽科学事务所的新海裕美子和曾根早苗。本书难免有失误和翻译错误等，这些责任全部归于作者，特此附记。

矢泽洁

目录

CONTENTS

序　章

希格斯粒子真的被发现了吗?

近半个世纪前被预言存在的希格斯粒子疑似物被发现了。2012 年 7 月 4 日，在发布会现场，年过八旬的科学家彼得·希格斯脸上流露出激动的神情。

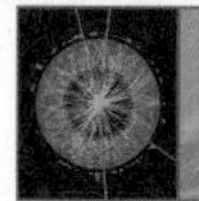

不确定的“发现”

“有时候知道自己的答案是正确的，真是让人觉得太高兴了。”2012 年 7 月 6 日在英国爱丁堡大学举行的新闻发布会上，彼得 · 希格斯（见图 0–2）在会场向记者们这样说道。

图 0–1
希格斯粒子发现报道
2012 年 7 月 4 日在日内瓦欧洲核子研究组织（CERN）举行了新闻发布会。

图 0–2 **彼得 · 希格斯（中）和弗朗索瓦 · 恩格勒（左）**

理论物理学家希格斯回答了进入 21 世纪以来被称为最重要的科学发现的关于希格斯粒子的检测问题。这个粒子的名字来源于 1964 年从理论上预言其存在的这位英国物理学家的名字。

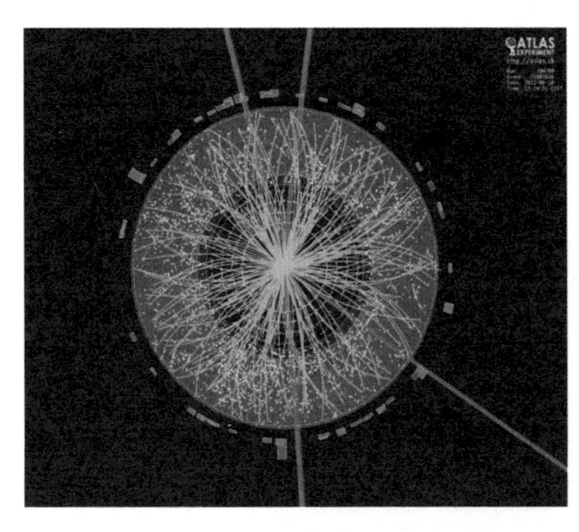

图 0−3
希格斯粒子衰变（ATLAS）
2012 年 6 月 10 日在 ATLAS 探测器捕捉到的衰变反应中，有 4 个 μ 子（红线部分）飞射而出。引起这种衰变的很有可能是希格斯粒子。

图 0−4
希格斯粒子衰变（CMS）
这是 CMS 探测器捕捉到的希格斯粒子衰变的样子。希格斯粒子衰变成两个高能光子（红线部分）。黄线是衰变产生的光子以外的粒子，筒状的蓝色部分是测量粒子能量的热量计。

在新闻发布会前两天的7月4日，来自瑞士日内瓦的欧洲核子研究组织（CERN，见图0–5、图0–6）的科学家代表们在媒体面前举行了研讨会，报告了他们多年来寻找的希格斯粒子的最新实验结果。

结果不是确定的，科学家总是对得出最终结论这件事持谨慎态度。尽管如此，在研讨会现场的人们看到实验数据所显示的明确信号时，还是发出了欢呼声。

这些信号是从未见过的重粒子。它带有约125GeV㊀的能量，强烈暗示着它可能是被寻找的“希格斯粒子”。

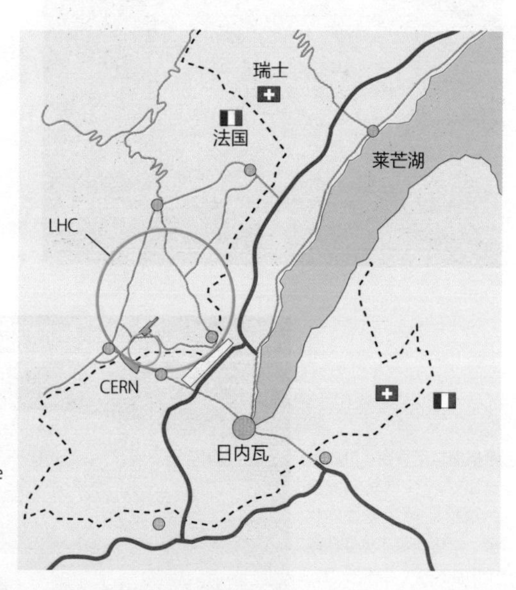

图0–5
横跨瑞士和法国的LHC
大型强子对撞机（Large Hadron Collider，LHC）位于瑞士日内瓦近郊，一部分跨越法国国境。

㊀ eV，即电子伏特，度量微观粒子能量的单位。
1eV代表一个电子在真空中通过1V电位差的电场所获得的能量。
$1eV=1.602\times10^{-19}J$，$1M=10^{6}$，$1G=10^{9}$，$1T=10^{12}$。

在 CERN 探索希格斯粒子的是超环面仪器（A Toroidal LHC Apparatus，ATLAS）和紧凑 μ 子线圈（Compact Muon Solenoid，CMS）这两个实验组，这也是后面叙述的巨大检测装置的名称，日本的研究团队也参加了 ATLAS 实验组。

其中的 CMS 实验组发言人、美国物理学家乔·尹坎德拉表

图 0-6 **CERN 和莱芒湖**

CERN 周围的地面风景。大圆圈出的是世界最大的对撞机 LHC 的位置。在照片的背景右侧可以看到莱芒湖（日内瓦湖）。

示："此次实验结果有可能是我们研究的基本粒子物理领域在过去30~40年里取得的最大成果。"

ATLAS和CMS两个实验组一直使用世界最大的粒子加速器——LHC进行反复实验。这个加速器向相反的方向射出两个高能质子束。如果质子束中包含的质子相互正面碰撞，就会产生数十万个寿命极短的粒子，其中可能混有希格斯粒子。

人们为了寻找希格斯粒子，在20世纪80年代初就已经开始构想出这个巨型加速器，这恐怕也是建造巨型加速器的直接原因。从那以后过了大约30年，科学家的愿望也许已经实现了——也就是说，对希格斯粒子的探索已经成功了。

那是5σ现象

伟大的事件往往伴随着先兆。2012年7月4日，也就是美国独立纪念日，在新闻发布会之前，希格斯粒子似乎已经出现了。在此之前的2011年的实验中，研究者感觉到漫长的探索已经接近尾声。在2012年，似乎就可以得出这样的结论：要么是问题中的粒子会出现，要么是证明其根本不存在。

在LHC冬季停止运行的12月，希格斯粒子的存在几乎得到了确认。ATLAS和CMS实验组都报告说，他们发现在两种信号背景中（背景噪声）都有细微的突出部分（见图0–7），这些是所预测的希格斯粒子存在的特征。

这还不能说是证据，因为这些信号也有统计误差的可能性。

但是，这让人们的期待高涨起来。

2012年春天，LHC重新启动，机器的性能得到了进一步提高，质子束的能量更大。结果，研究人员在短时间内获得了比过去多2倍的数据。

6月中旬，ATLAS和CMS实验组的物理学家秘密地汇总整理了双方得到的数据。并且研究了过去2年中的记录，对约800万亿次质子－质子碰撞的数据进行了集中分析讨论。他们进行了2周的艰苦工作，但是依然不能确定结果。

直到7月4日前几天，数据仍在波动。在这段时间里，CERN内外都在进行着实验工作，人们着魔般地进行着猜测和思索，并且在互联网上持续地进行着交流。

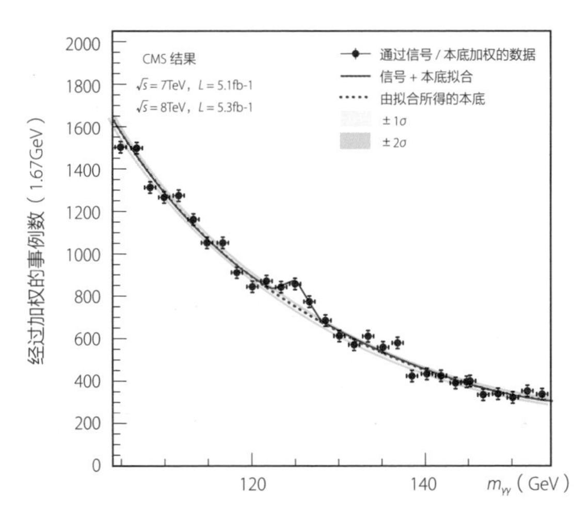

图 0−7 **希格斯粒子存在的证据**

这是CMS检测器中发生碰撞反应的数据。现在横轴中央部分125GeV对应的凸起部分被认为是希格斯粒子衰变成光子对的证据。ATLAS检测器的实验也显示了几乎相同的结果。

（图片来源：CERN）

所以当得知，在 20 世纪 60 年代就为希格斯粒子的预言做出贡献的“老一辈”物理学家彼得 · 希格斯和其他 4 位一起被邀请参加 CERN 的发布会时，消息一下子就传开了。

在 CERN，为了进入第二天早上举行的新闻发布会现场，1000 多人排着长队彻夜等候。有些人后来说道 ：“那时简直就像摇滚音乐会一样。”

当彼得 · 希格斯走进会场时，迎接他的掌声经久不息。这次发布会同时在澳大利亚墨尔本物理学会议上进行了网络直播。与探索希格斯粒子相关的世界其他地区的研究所和大学也进行了转播。

乔 · 因坎德拉首先报告了 CMS 实验组的结果。他举出了他们所观测到的最强烈的信号残留的两种衰变模式，并称这两个模式加在一起就是“5σ”。

以探索希格斯粒子为目标的另一个实验组 ATLAS 的发言人也报告了 5σ。

这里所说的 σ（西格玛）是指在处理统计数据时的偏差值，5σ 是物理学家认为成功的基准值。换句话说，这个数据出错的概率是 300 万分之一以下。这一瞬间，会场内爆发出了雷鸣般的掌声。

两个报告完成后，CERN 的所长罗尔夫 - 迪特尔 · 霍耶尔（见图 0–8）进行了总结发言。

“虽然我们还不确定这次发现的希格斯玻色子（希格斯粒子）是什么类型的，但我们知道已经发现了与希格斯机制有关的粒子。”

这两个实验结果都表明新发现的粒子的质量约为 125GeV㊀。因此，在 2011 年年末让人抱有希望和期待的信号并非侥幸。这份报告足以让 CERN 和世界各地的研究所开香槟庆祝。

尽管如此，CERN 的物理学家的发现报告还是带有一定谨慎性的。如果想断定为“发现”，在检测装置内发生的质子之间的碰撞事件的测定结果多少有些不足，另外，新发现的粒子的特性和相互作用也不明确。

到了 7 月，实验小组发现了 10 个左右的候补希格斯粒子现象，并预计到 2012 年年底其数量将翻一番。也就是说，他们捕捉希格斯粒子的工作将在今后长期持续下去。

总之，大型强子对撞机只拿到了预定运转期间（预计 2022 年为止）可得到数据总量 2% 左右的数据，之后的路还很长。

图 0-8　**CERN 的所长**
从 2009 年起担任 CERN 所长的罗尔夫－迪特尔·霍耶尔。

㊀ 根据 $E=mc^2$，粒子物理中，质量与能量等价，常使用 eV/c^2 或 eV 作为质量的单位（将光速 c 设为不具单位的 1）。——编者注

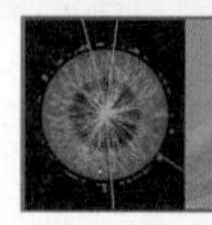

地球被迷你黑洞吞噬?

从外界看希格斯粒子的探索过程，就像在剧场里上演的戏剧。2012 年 7 月，观众们仿佛观看了在长达数十年的戏剧演出中插入的短暂而富有戏剧性的幕间表演——前面有长长的序幕和第一幕，幕间表演之后还有漫长的第二幕。

那么，舞台上的表演者是谁呢？在这里，表演者数量众多，各个角色也是丰富多样的。首先，希格斯粒子在整部戏剧中扮演着主角。接着还有少数理论物理学家作为策划者负责序幕，他们以数学模型的形式创造了可以演出的内容，把肉眼不可见、至今不为人知的东西，编写成一部名为假说或理论的剧本。

这部剧本带来了第三组表演者，即实验物理学家、科学研究管理者、大型项目管理者等。这些人精诚合作，进行着将肉眼不可见的粒子公之于众的实验。

该项目的大部分工作由总部设在日内瓦的科学研究组织——CERN 进行。CERN 对这种大规模实验的实行已经有几十年的经验了（见图 0-9）。

在这场演出里，为主角准备的舞台是耗资数十亿美元的大型强子对撞机（LHC）。该加速器的设计目的就是为了证明希格斯粒子的存在。

由于大型强子对撞机极其强大，以至于在它完成并开始运行之前，担心它的人们发出了警告。因为这个实验可能产生迷你黑洞和“奇异物质”，有吞噬地球的危险。

图 0–9 CERN 的地上风景
从瑞士的一侧看到的 CERN 的地面设施群。

他们要求停止运行 LHC，甚至还提起了诉讼，但在 2008 年 9 月 10 日首次启动加速器后，这种不安就全部烟消云散了。

建造巨型加速器的大工程

正式决定建设 LHC 是在 1994 年。那是在美国的更巨大的加速器 SSC 的建设因预算削减而被迫中止的第二年。

加速器被设计在地下空间建造。虽然它的土木工程建设开始于 1998 年，但因为来自世界 100 多个国家的 1 万多名科学家和技术人员，以及数百所大学和研究机构的人员共同参与建设工作（见图 0–10），所以当时出现了特别混乱的局面。

LHC 的加速环周长约 27 千米（准确来说是 2 万 6659 米），而中途停止建设的美国 SSC 是 87 千米。相比之下，与此原理相同的世界上第一个环形加速器是 1960 年在意大利罗马近郊建造的，其直径为 1.6 米，只是由几个人建造并控制运转的。

随着岁月的流逝，基础科学也变成了大科学。基础物理学逐渐向超微观维度发展，与之相反的是，实验装置变得越来越大，越来越多的人开始参与其中。

不仅建造大型强子对撞机需要好几千人，它的运转和实验也同样需要大量的人。虽然参与希格斯粒子探索的研究人员达到 6000 多人，但他们中的大部分人都在各自国家的研究设施中参与该实验。能够进行如此规模的实验，不能靠单独的某个研究人员的力量，而需要众多国家的研究人员的通力合作。

图 0-10 **CERN 开始建设时的场景**
在地下 100 米深的隧道中刚刚开始建设的 LHC。

“上帝粒子”和“标准模型”

一般媒体通常称希格斯粒子为“上帝粒子”。这个称呼来源于获得诺贝尔物理学奖的美国物理学家利昂·莱德曼在1993年出版的著作题目（见图0-11）。

新闻工作者喜欢这样的称呼。因为他们相信，如果把这样的文字表达用在自己新闻报道的标题上的话，就会吸引读者的眼球。但是物理学家并不喜欢这个名字。

莱德曼以其幽默风趣的谈吐而广为人知。因为很难捕捉到希格斯粒子，莱德曼其实是想把希格斯粒子称为“可恶的粒子”，而不是“上帝粒子”，然而编辑却更改了他著作的标题。

但是也有一些科学家主张将之称为上帝粒子。他们说如果不存在这个粒子，宇宙也不会诞生。这不过是牵强附会地拥护了不恰当的称呼罢了，但这并非毫无道理。

图0-11 **“上帝粒子”的起源**
“上帝粒子”这一称呼来源于莱德曼的著作《The God Particle》。日文译本于1997年以“神创造的究极粒子”为标题出版。

因为希格斯粒子被认为赋予了物质质量，从而创造出宇宙的物理结构。如果没有质量，宇宙将会是一个非常奇妙的地方——没有行星，也没有银河系，不会有生命，也没有人类的诞生。在那样的宇宙中，没有质量的任何粒子只是以光速胡乱地飞来飞去而已。

这样奇妙的宇宙，是 20 世纪 60 年代理论物理学家创建的物质世界的理论，即“标准模型（Standard Model）”。

该理论基本在 1964 年完成。当时美国物理学家默里·盖尔曼和阿诺德·茨威格提出了“制造重粒子（即质子、中子等强子）的是夸克”的理论。

由此产生的标准模型成功地解释了这个世界上存在的大多数力（相互作用）和几乎全部基本粒子。但其中缺少一个至关重要的问题：质量究竟是从哪里来的？于是，在这个问题上“伟大的智慧和才能”有了用武之地。

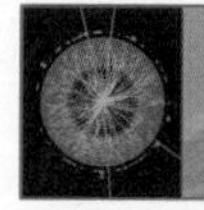

南部阳一郎的“对称性破缺”

20 世纪 60 年代初，包括彼得·希格斯在内的三组理论物理学家提出了解释基本粒子质量起源的假说。根据他们所提出的假说，可以解释为，粒子的质量是来自“对称性破缺”的结果。

“对称性破缺”这一概念是理论物理学家南部阳一郎创造的。他提出了被称为“对称性自发破缺”的理论，他的这一成果在很久之后的 2008 年获得了诺贝尔物理学奖。

其他两个物理学研究小组与希格斯几乎在同一时期，各自独立地得出相同的结论。他们分别是来自布鲁塞尔自由大学的罗伯特·布绕特、弗朗索瓦·恩格勒 2 人小组，以及由杰拉德·古拉尼、卡尔·哈庚、汤姆·基博尔 3 人组成的英美研究小组。

用一句话来概括这六位理论物理学家的研究对我们的启示就是，赋予物质粒子质量的是场(field)。这个场在之后以彼得·希格斯的名字命名，被称为“希格斯场”。

但是这个场对所有的方向都是完全同等的。因此，我们既不能看到，也不能感觉到。为了证明这个所谓的“场”是存在的，就必须激烈地晃动这个场，激起“涟漪”。这样的话，“涟漪”就可能会以重粒子的形式出现。这种粒子就被命名为“希格斯粒子”（希格斯玻色子）。

到这里为止，理论物理学家的工作已经完成了。那么，下一步，实验物理学家必须找出希格斯粒子。

但是，这项工作的艰巨性和困难程度很快就得以印证。彼得·希格斯从 CERN 回到英国，在爱丁堡大学举行的记者招待会上说：

“我们最初对该粒子的质量几乎不了解，所以我们不知道找到它需要用多高能量的机器（加速器）。”

他们唯一明白的是，想要撕开希格斯场需要远超当时加速器技术水平的超高能量。那样的实验，是不可能在一般的实验室里完成的。

因此，需要一种精密设计的加速器，它可以使质子束和电子束相互激烈碰撞。在加速器内部发生的碰撞会产生寿命非常短的新粒子。根据碰撞粒子的能量大小不同，在那里产生的粒子的能量也会不同。

20 世纪 60 年代制造的粒子加速器所产生的能量远没有达到窥探希格斯粒子存在的程度。然而，在 20 世纪 70 年代，情况发生了巨大变化，粒子物理学发生了革命性的变化——人们可以制造出巨大的加速器，它们产生的能量为数十 GeV。

这些加速器主要实现了电子和质子的高能量碰撞，不断生成新的粒子。其结果导致了著名的“粒子动物园”时代的到来。

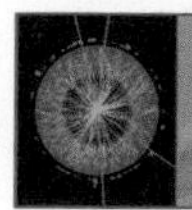

美国和欧洲的巨型加速器计划

理论物理学家驯养了这个“动物园”里的每一个成员，最终将其引入标准模型的笼子里。但是那个笼子里并没有希格斯粒子。因为加速器的性能不够，众所期盼的粒子没有出现。

也许通过新一代加速器可以找到希格斯粒子，于是人们把希望寄托于下一代粒子加速器，特别是美国费米实验室的太伏质子加速器（Tevatron）（见图 0–12）和欧洲 CERN 的大型正负电子对撞机（Large Electron-Positron Collider，LEP，见图 0–13、图 0–14）。

美国的 Tevatron 从 1985 年记录下第一次碰撞以来的数据，由于质子和反质子的碰撞，最终产生的能量达到了 1000GeV。另一方面，欧洲的 LEP 是当时世界上最大的加速器，1 圈的长度为 27 千米。LEP 于 1989 年实现首次对撞，在运行期间，最终产

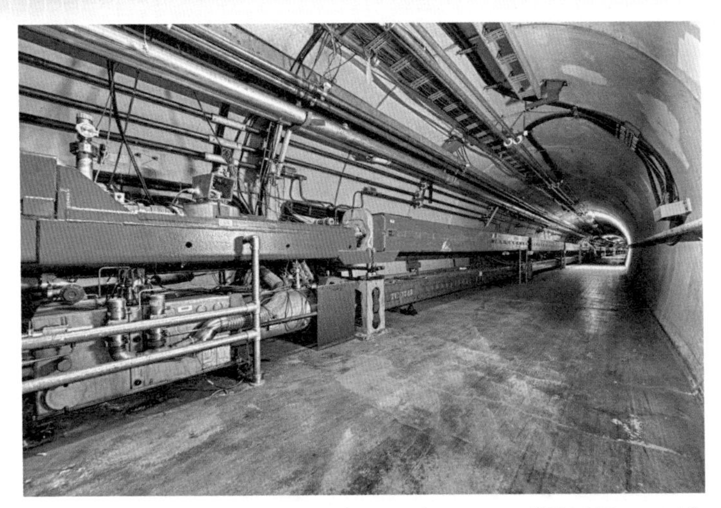

图 0–12　**费米实验室的太伏质子加速器（Tevatron）**　（图片来源：Fermilab）

图 0–13　**大型正负电子对撞机（LEP）**

图 0-14 LEP 的 4 台检测器之一“阿列夫”（ALEPH experiment）

生的能量达到了 209GeV。

Tevatron 没有发现希格斯粒子。而 LEP 的科学家在运转期间的最后阶段，仿佛在一瞬间看到了他们要寻找的粒子的“影子”。

我想读者一定可以想象，当 CERN 的管理者对要求延长 LEP 运转时间的研究人员说“不”时，研究人员的心情是何等沮丧。LEP 必须让出隧道将其用于建造更强大的大型强子对撞机（LHC）。LHC 正是以探索希格斯粒子为目的而建造的。

CERN 的 LHC 和美国的 SSC 是在 20 世纪 80 年代构思的。它们都被设计为“multi-TeV”即“亿万电子伏特”级的加速器，是为发现希格斯粒子和其他奇异粒子设计的前所未有的超大型仪器。

而 SSC 更为庞大。它一圈长 87 千米。据计算，该加速器能提供给一个质子的最大能量为 20TeV。这是只有被加速到亚光速，即接近光速时才能获得的超高能量。

但是，在已投入了20亿美元建设费用之后，1993年SSC突然被中止了。美国的财政界和科学界的意见是，不再允许只为研究基本粒子物理而占用联邦预算。这对于美国的粒子物理学家来说，真的可以用“晴天霹雳”来形容。

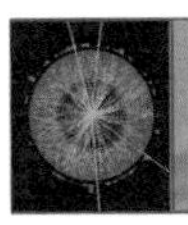

LHC的孤军奋战

在美国终止SSC建设的这一决定后，搜寻希格斯粒子的舞台上，只剩下CERN的LHC。LHC原本是CERN计划在欧洲范围内进行实验用的加速器，但随着美国放弃SSC计划，经过各国的通力合作，最终它变成了国际合作形式的全球化设备。

LHC于2008年年末开始投入使用。但是由于发生了技术故障，实际运行则是在一年之后。

2010年3月，LHC终于实现了两个3.5TeV质子束的正面碰撞。不用说，这是粒子加速器产生的人工能源的世界纪录。此时，距六位理论物理学家提出“希格斯场”的设想已经过了约45年。

这样的成功，使LHC仅用了两年时间就实现了探索希格斯粒子的初始目标。我们也没有理由为这之前花的很长时间而叹息，科学家只是在等待合适的技术问世而已。

一位在希格斯粒子的发现中苦乐参半的美国物理学家说：“这件事应该由美国来做，也是美国应该做的。”

7月4日，曾经引导过电弱统一理论的史蒂文·温伯格对媒体的提问做出了这样的回答：

“SSC 的能量是 LHC 的 3 倍，原定计划是提前 10 年完成，事情如果进行得更迅速就更好了。”

彼得 · 希格斯当然对自己的发现而感到高兴。他说：“通过这一突破性发现，我们证明了理论物理学解释自然的力量，我为此感到自豪。”

已经 83 岁的希格斯终其一生都是一位纯粹的理论物理学家。他曾承认自己根本没有接触实验的资格。但在过去的半个 20 世纪里，他从未怀疑过自己理论的正确性会在某一天得到证明。他这样补充道：

“这个粒子的存在对于理解标准模型的其余部分起到了至关重要的作用。对于我来说，我很难认为该粒子可能不存在。”

图 0–15 **彼得 · 希格斯**

正在玻璃板上写公式的彼得 · 希格斯。物理学家斯蒂芬 · 霍金说，希格斯的成就应该获得诺贝尔物理学奖，但他却没能成为 2012 年的获奖者。

第 1 章

什么是希格斯粒子?

即使你听到希格斯粒子的解释也不容易理解。它是一种不像粒子的粒子。我们如何才能多多少少地去理解这种难以理解的神秘存在呢?

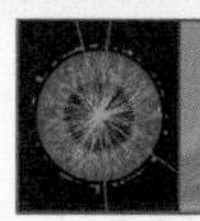

在希格斯粒子中漫步的撒切尔首相?

那么，我们如何向公众简单明了地解释希格斯粒子呢？这个世界上所有物质都有质量，是因为这个肉眼看不见的希格斯场吗，这种话，谁能笃信不疑地接受呢?

这种尝试不仅对粒子物理学专家，对任何科学解说员和科学记者来说都是巨大的挑战。不仅仅是在日本，对世界上任何一个国家都一样。

1993年，时任英国科学大臣的威廉姆·沃尔德格雷夫在英国物理学会年会上宣布，将在英国全国举行“寻找希格斯粒子的最佳解释”竞赛。

因此，他向在场的科学家说：“如果你们想继续接受政府对研究经费的财政支援，就必须向社会大众详细说明自己的研究。”

并且沃尔德格雷夫表示：“英国政府为欧洲核子研究组织（CERN）负担了巨额的费用，但是我却完全不懂这个研究机构的最大的课题——什么是希格斯粒子。”

然后他要求科学家用谁都能听得懂的语言将希格斯粒子是什么，以及它如此重要的原因总结成一页纸的内容，他将会赠送给写得最好的人一支香槟。

针对科学大臣的要求，共有117封应征信，其中5封被选为“优秀解说文”。其中被认为最好的解说是伦敦大学学院的物理学家大卫·米勒所写。他是这样写的:

“希格斯场，就像是一个政党议员们在一个房间内正在举行鸡尾酒派对的场面。他们几乎均等分布在房间里，和身边的议员聊天。当一个普通人走进房间的时候，不会引起别人注意，他可以不受阻碍地在房间来回走动。但是如果走进房间的是时任英国首相玛格丽特・撒切尔（见图1-1）的话，她会成为会场内被持续关注的目标，参加聚会的人们就会把她团团围住。于是，撒切尔首相原本自由的动作会变得缓慢。这就是周围的人给了她所谓的质量。”

这个比喻很快就成了解释希格斯场与希格斯粒子关系的著名解说。由于比喻简单，不仅让普通人很容易地理解了希格斯

图 1-1　**玛格丽特・撒切尔获得的“质量”**

每当撒切尔夫人移动的时候，人们就会聚集在她的周围。因此她变得难以移动，就像粒子被希格斯场赋予了质量一样。

（图片来源：Jay Galvin）

粒子的含义，还让人们觉得抓住了希格斯机制或希格斯粒子的精髓。

但实际上这个概念并不那么简单。如果像下面这样把一部分文字表达进行改写的话。含义可能会变得更清楚，例如：“探索希格斯机制就是对于对称性的探索，希格斯粒子是建立标准模型的绝对不可缺少的粒子”。

或者，可以就希格斯机制提出以下问题。“为了使电弱统一理论有效化，为什么希格斯机制如此重要？希格斯机制与矢量玻色子和对称性破缺有什么关系？”

希格斯粒子的不同面孔

以希格斯命名的概念有很多，首先是刚才提到的希格斯机制（Higgs Mechanism）。这是最终产生基本粒子质量的机制，这种机制是由序章中已经提到过的被称为“对称性自发破缺”的现象所产生的。

美国的物理学家、基本粒子物理学专家丽莎·兰道尔（见图1–2）说：“希格斯机制是粒子物理学中最难以解释的概念之一”。

通俗地说，就是在不存在任何粒子的真空空间中充满了荷（荷量），即为一种物理性质或物理量。可以根据电磁力中的电荷和磁荷，或者根据量子色动力学中的色荷等来类推的一个物理性质。

这个希格斯机制让人们回想起了曾经的“以太”的概念。以太概念最早可以追溯到17世纪，但到20世纪初被科学界抛弃。

原本以太被认为是荷载光的物质，也就是光的媒介。但是后来物理学家为了避免超距作用，把以太这个概念应用于电磁力和引力研究中。

尽管后来经过了很多实验，物理学家们最终否定了以太的存在，但正是以太论在希格斯机制和质量的起源的研究上起到了

图 1–2　丽莎 · 兰道尔
她走在基本粒子物理学研究的最前沿。2007 年被选为世界上最有影响力的 100 人之一，但她承认希格斯粒子是“最难解释的概念之一”。
（图片来源：Mike Struik）

“将科学可视化”的作用。也就是说，将抽象的概念具象化以让人们能够理解。在这一过程中，产生了与以太极其相似的东西。

对此，兰道尔解释说：“真空起到了运输弱荷的作用，它就像是蜂蜜一样的黏性流体。”像这样的荷就是希格斯场的性质。

扩展到空间的“场”是什么?

物理学所说的场，是扩展到整个空间存在的一个量。虽然谁也不能直接看到，但是从它所带来的效果中可以感觉到场的存在。

例如，打开冰箱门时，可以感觉到作用在冰箱主体和门之间的引力（见图1-3）。虽然看不到拉门的绳子，但还是有什

图 1-3　冰箱的门

冰箱的门被看不见的引力牵引着。这是冰箱和门上的磁铁在空间里产生的磁场的作用。

么东西在拉门。那是在冰箱和门中安装的磁铁之间传递力的磁场。在这种情况下，场只在那个地方起作用。如果把冰箱门再开大点的话，磁铁就会远离冰箱，磁场产生的引力（磁力）就会消失。

与此相反，希格斯场存在于空间的任何地方。它存在于整个宇宙范围。这个场虽然给基本粒子赋予了质量，但是场本身并不是由某种物质构成的。当基本粒子通过这个场时，基本粒子与场的荷相互作用。这种相互作用使基本粒子表现出仿佛有质量的状态。

粒子越重，质量就越大；粒子越轻，质量就越小。有时带荷的这个场对基本粒子来说感觉很“黏”，因此，想要穿过场的基本粒子，会因为场缠绕而动作变慢，我们将这理解为基本粒子的质量。

希格斯场均匀且相同地充满在所有空间，在每个方向角度都完全相同。物理学家认为这样的场，即洛伦兹变换不产生变化的场称为“标量场”。

与该场相反，例如引力场在空间上是不均匀的。引力场在空间内每个位置都有差异，它具有指向质量的方向性，比如地球上的物体的自由落体。其强度是根据与大质量物体间的距离变化而变化的，这样的场相对于标量场被称为“向量场”（见图1-4）。

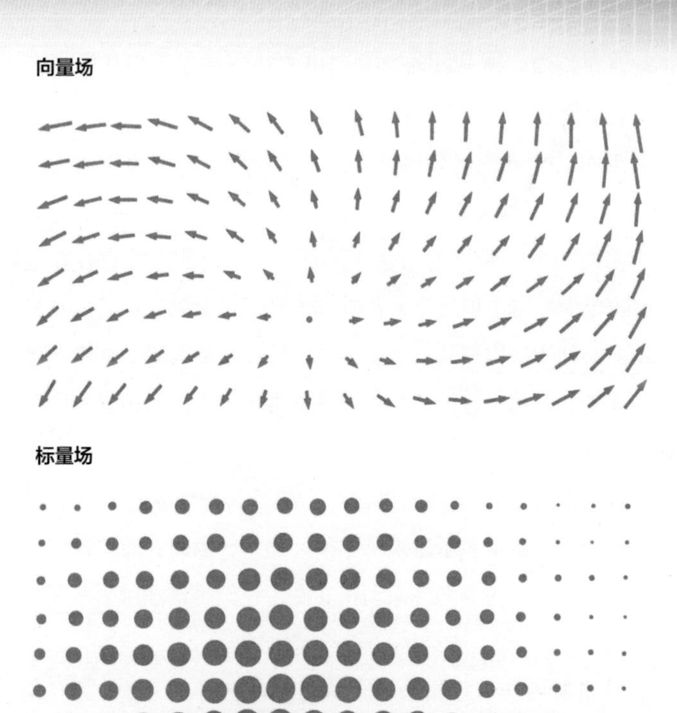

图 1-4　**向量场和标量场**
上面的图是向量场。它是由具有大小和方向的量所构成的场。下面的图为标量场。标量场是由仅具有大小的量所构成的场。

专栏 1　颜色（色）与量子色动力学

20世纪60年代提出的“夸克模型”认为质子和中子等是由更小的粒子——夸克构成的，结果立即被指出了理论上的难题。这与“泡利不相容原理”相矛盾，也就是说：不能有两个相同性质的粒子处于完全相同的状态。

因此为了避免这种情况，夸克被赋予了新的性质——颜色（色）。这个颜色有三种，颜色不同的话，其他性质完全相同的夸克也可以共存。根据这一想法，解释夸克物理学的理论被称为“量子色动力学”。

夸克是具有半整数自旋的费米子的一种，它遵循泡利不相容原理，一个系统中不可能同时存在两个或多个具有相同量子数的粒子。像质子一样由上夸克和下夸克组成的粒子，如果2个上夸克和1个下夸克在同一系统存在，上夸克之间必须存在例如自旋之类的成分上的差异。

20世纪70年代，芝加哥大学的南部阳一郎、杜克大学的韩武荣等人发现，通过在这里导入被称为“色荷”的量子数，可以回避泡利不相容原理。

也就是说，用光的3原色（红、蓝、绿）来比喻它们所具有的性质的话，即使是同样种类的夸克（我们称之为“味”，flavour），也可以同时存在2个以上来构成质子和中子。

这个颜色的概念后来被引入到夸克的标准模型中。然后，夸克之间通过被称为“胶子”的粒子交换颜色，它成为连接质子和中子的“强力”的来源。这种理论就是量子色动力学。

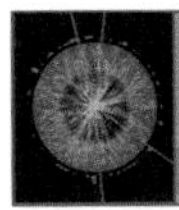

通过希格斯粒子来发现希格斯场

那么，备受瞩目的希格斯粒子在自然界中的作用是什么呢?

与一般流行的解释不同，赋予其他粒子质量的不是希格斯粒子，而是希格斯场。用一句话来说，希格斯粒子只不过是显示希格斯场的存在而已。

如果根据基本粒子的标准模型来看，在各种各样的场中都存在与那个场相关的粒子。例如，电磁场中的粒子叫作photon（光子或者光量子）。

那么，希格斯场中也应该有粒子。基本粒子物理学家将其称为希格斯粒子。如果粒子物理学家发现了希格斯粒子，那么就可以确认希格斯场的存在。

产生这种粒子的理论策略很简单。基本上，让希格斯场强烈激发就可以了。激发的意思就是给处于稳定的低能量状态的场或粒子提供能量，它就会跳转到具有较高能量的状态。

因此，选择空间的某一点，用强大的能量用力轰击，然后真正的粒子会从那里飞出来。虽然描述原理很简单，但是使用现在的技术进行实验却异常困难。如果想要做到这一点，就必须对非常小的体积进行非常强烈的撞击。这可以使用非常大的粒子加速器来完成，例如在CERN运转的LHC。

实验在技术上极其困难的原因之一是需要一个巨大的“照相机”来发现希格斯粒子。在LHC中建造的检测器ATLAS就是这样一个照相机。

ATLAS的规模相当于巴黎圣母院的一半，按现代标准来说相当于6层高的大楼。质量与埃菲尔铁塔差不多，为7000吨。

然而，即使拥有如此巨大的装置，也无法直接观测到希格斯粒子。无论制造什么样的探测器，都不能拍摄到希格斯粒子的照片。因为希格斯粒子是一种只能非常短暂存在的粒子，它在诞生的瞬间就会消失。

幸运的是，希格斯粒子衰变所产生的其他种类的粒子可以由探测器捕捉到，就像肉眼看不见枪发射的子弹，而发射后留下的硝烟却能被看到一样。科学家们可以根据衰变生成物，推测希格斯粒子是否真的出现了。

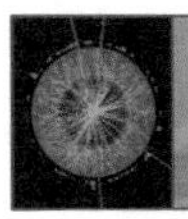

对称性与对称性破缺

在2011年7月，也就是发现疑似希格斯粒子新闻报道的前一年，英国BBC播放了关于希格斯粒子的纪录片。解说员解释说："寻找希格斯就是寻找对称性。"这个表达虽然对于一般人来说很难理解，但却很好地表达了希格斯粒子的本质。

实际上，CERN的这个实验计划的目的是寻找"某些隐藏着的东西"。之所以这么说，是因为物理学意义上的对称性在现实世界中几乎没有被保留。

例如，如果是一个真正空虚的空间，就会存在各种各样的对称性。之所以这么说是因为在那里任何方位角度、任何地方都是一样的。

但是，真实的宇宙不是一个空虚的空间。那里有无数的恒星和星系存在。星际气体飘浮在它们之间电磁波四处飞散并破坏对称性（见图1–5）。也就是说，在这个宇宙中，任何地方都在发生对称性破缺——用一句话来说，我们生活在一个充满着普遍现象的世界里。

尽管如此，在描述这个世界的物理法则中，可以说对称性仍然默默地存在着。

图 1–5　**对称性破缺**
真实的宇宙是由星系、星星和星际气体等构成的，任何地方的对称性都被打破了。

对称性是如何被“打破”的?

在这里，我们稍微挖掘一下对称性，看看它是如何被打破的。

在我们的日常生活中，对称性是有具体意义的。我们通过眼睛去认识具有对称性的事物，具有对称性的事物常常被看作是和谐的、令人愉快的。比如，球体是具有完全对称性的；在西欧中世纪宗教建筑中也有不少像哥特式建筑一样，作为完全神性的象征，具有对称的形态（见图1–6、图1–7）。

图 1–6　**身边的对称性**
我们周围存在着多种多样的具有对称性的事物。左上是西欧左右对称的哥特式建筑，左下图是左右对称的狗脸，右下图的脸是一半贴在镜子上，一半在镜子中映射出来的完全左右对称的虚拟脸。

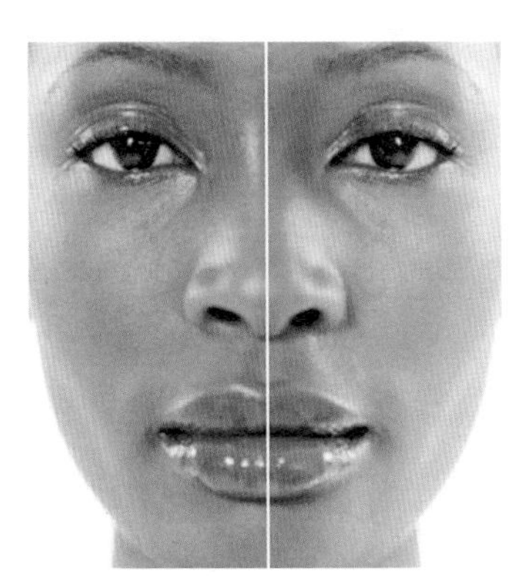

图 1-7　几何对称性

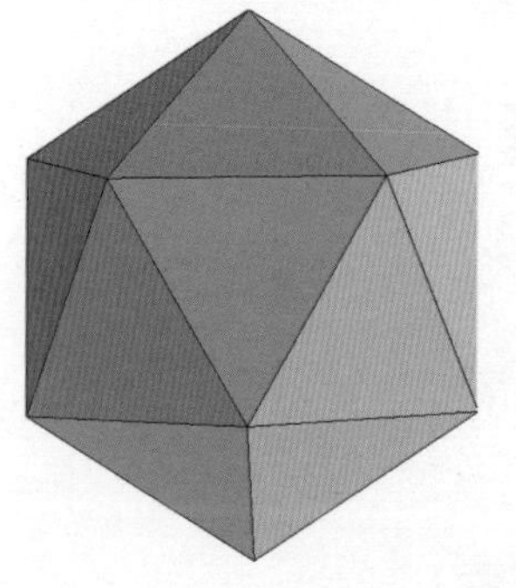

正二十面体属于正多面体，它具有旋转和镜射的对称性。

球无论从哪个方向看都是球，具有完全的几何对称性。

然而，物理学中的对称性与我们平时所看到的、让人感到很舒服的对称性没有任何关系。物理学中所说的对称性，是指某个事物的物理性质。物理学中的对称性在于，对事物本身施加变化时，它受到怎样的影响。

例如，我们来看看刚刚说过的球（球体）的例子。从外部向球施加力量，球无论如何旋转，其形状都不会发生变化。它还是保持着球的状态。这是因为它具有旋转对称性。

那么，对称性高的猫呢？假设这里有两只长得完全一样的猫，一只生活在东日本，另一只生活在西日本，他们都生活在海拔较低的地区。我们来测试两只猫的弹跳能力。如果两只猫的弹跳能力没有差别的话，那么把东日本和西日本的猫进行交换，结果也是一样的。那么我们可以说这些猫“对于东、西日本的交换是对称的”。

那么我们按照这个思路把这个思考实验再推进一步吧。我们把东日本的猫带到海拔3776米的富士山山顶，让西日本的猫还留在原来的地方，让它们一起跳跃（此处忽略富士山顶的稀薄空气及低气温等问题，见图1-8）。

这样的话，山顶的猫体重稍微轻一点，应该跳得稍微高一些。这种情况下，两只猫的对称性就已经被打破了。

对称性和对称性破缺的概念给我们提供了一些实验中所隐含的关于力的启示。富士山顶的猫，随着它离地球中心的距离变化，受到的力也随之变化。不用说，这个力当然就是引力（重力）了。

图 1–8　**“正在跳跃的猫”**
在富士山顶跳跃的猫，打破了它与西日本平地上的猫的对称性。
（图片来源：矢泽科学事务所）

前文中提到的物理学家丽莎·兰道尔在她的著作《弯曲的旅行》（*Warped Passages*）中，对于对称性破缺的其他性质是这样描写的：

“在一个晚宴上，圆形桌子周围坐着很多出席者。然后在相邻两人的中间都摆放了装满水的玻璃杯。出席者应该选择拿自己右侧还是左侧的杯子呢?

如果忽略礼节的话，无论是拿起右侧还是左侧的杯子都是一样的，选择是对称的。但是，当坐在桌子上的一个人拿起玻璃杯时，这种对称性就被打破了。

在这种情况下，问题并不在于冲动地选择其中的哪一个。这种情况是由于口渴引起的行为。尽管如此，如果那个人拿起了自己左侧的杯子，那么他的邻座和剩下的所有人都必须去拿自己左侧的玻璃杯了。这样的结果就是由第一个拿杯子的人引起的左右对称性破缺。”

“这里有一个重要的地方：这个对称性破缺并非是因为这个事件所自带的缺陷而产生的。而让谁去拿左侧或右侧的玻璃杯这样的物理定律也是不存在的。所以对称性破缺是自发的，由于有‘谁口渴了’这样的外部驱动力才导致自发性破缺。”

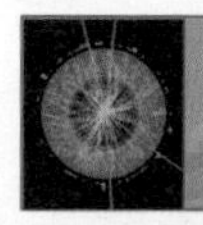

对称性是物理学的“瘟神”

当然，基本粒子物理学家对谁口渴和餐具的摆放并不抱有特别的兴趣，他们更倾向于关心方程式的对称性。实际上，物理学家对建立基本粒子标准模型的方程式具有过度对称性抱有担忧。

过度对称性——为什么会成为问题呢?

首先，让我们回顾一下大爆炸之后出现的物质（正物质）和反物质。非常幸运的是，这两种类型的物质并不对称地分布在宇宙。而且，正物质比反物质多。

如果两者完全等量存在，那么这一切都将相互湮灭并转化为能量，那样的话，现在的宇宙将不复存在，我们也就不会在这里了。因为具有绝对对称性而诞生的宇宙是完全平衡的，所以会自己消失。

日裔美国理论物理学家加来道雄（纽约市立大学教授，见图1–9）在上述BBC纪录片节目中这样说：

“如果说物理学的法则结构具有绝对的完整性和对称性的

图 1–9　加来道雄

话，那么生命就完全不可能存在。”也就是说，过度的对称性对宇宙是有害的。

对称性这个悖论对于现代物理来说一直是个麻烦的问题。特别是它对于基本粒子的标准模型来说，就像瘟神一样。在标准模型中，任何基本粒子都不能具有质量。但现实并非如此，几乎所有的基本粒子都有质量。也就是说，我们可以认为应该有某种东西打破了这个模型或理论的对称性。这就是希格斯场。

那么，让我们来了解一下，希格斯场这个特殊的场是如何帮助标准模型解决问题的。

名为“粒子动物园”的潘多拉魔盒

标准模型的基础是在20世纪60年代开始发展的“新物理学”。其中包含着1964年诞生的一个新概念，后来被称为希格斯场。

与现在不同，当时的基本粒子物理学被理解为单纯的世界，具有很好的整合性。1965年，美国物理学家理查德·费曼（见图1-10）在康奈尔大学进行了一系列传奇的演讲。

费曼在其中的一次演讲中以“寻找新定律”为主题，提出了“我们所理解的世界构成要素列表”。那里排列着下面这样的粒子：电子、光子、引力子、中微子、中子、质子和它们所有的反粒子。

然后他对听众说：“有了这些粒子，就能解释宇宙中发生的一切普通现象。”这里所说的“普通现象”指的是我们所能见

图 1–10　**理查德 · 费曼**

费曼在一次讲座中说："由于粒子碰撞实验，潘多拉的魔盒被打开了。"他完成了量子电动力学的"重整化理论"。1965 年，他与朝永振一郎等共同获得诺贝尔奖。

（图片来源：AIP/ 矢泽科学事务所）

到的低能量现象。

接着，费曼把话题转向了当时正在进行的，关于用非常高的能量让中子和质子撞在一起的实验。他突然提高声音说："这些实验打开了潘多拉的魔盒!"

虽然当时的物理学家所期待的是想要很好地解释质子和中子之间产生的相互作用，但实际上他们为了达到这个目的不得不着手做的却是一些无法解决的事情，那就是一次又一次不停地假定新的基本粒子的存在。

费曼在他的列表栏中添加了50多种基本粒子。此后，基本粒子的数量持续增长。20世纪70年代开始产生了多种多样的粒子，其数量让物理学家感到困惑，曾一度被戏称为"基本粒子动物园"。

为了给这个"动物园"带来秩序，数百名物理学家夜以继日，非常困难地工作着。这些物理学家中做出最重大贡献的是美国物理学家默里 · 盖尔曼（见图1–11）和乔治 · 茨威格，他们在1964年分别提出了"夸克模型"。

盖尔曼等人的模型说过质子和中子不是基本粒子。这些粒子是由夸克（quark）组成的（见图1–12）。

根据这个模型可知物质是由夸克构成的。它们的各种组合构成被称为强子的复合粒子。最稳定的强子是质子和中子。

夸克是绝对不能直接观测的，也不能作为单独的基本粒子来区分，它们只存在于在强子中。然而研究人员可能会根据散射实验来确认夸克的存在。

1968年，在美国加利福尼亚州SLAC国家加速器实验室（见图1–13）中进行了这个实验。物理学家使电子以超高速加速撞击原子核中的质子和中子。

进入原子核的电子在那里弯曲了前进的方向，向外飞了出去，这被称为散射。如果测定此时电子的轨道和速度，就可以推断质子和中子的内部结构。

图 1–13　SLAC 国家加速器实验室

从高空观测到的加利福尼亚州 SLAC 国家加速器实验室，它全长 3 千米以上，是世界最长的直线加速器。

图 1-11　**默里 · 盖尔曼**
盖尔曼成了第一个识破质子和中子不是基本粒子，而是由夸克组成的物理学家。
（图片来源： World Economic Forum）

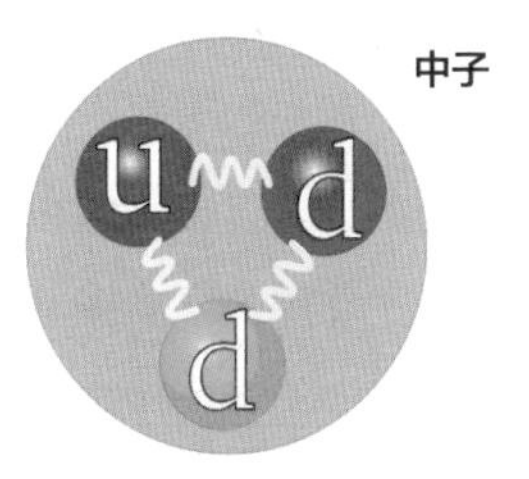

图 1-12　**质子和中子**
质子和中子都是由 3 个夸克组成的。图中的 u 是上夸克，d 是下夸克。
（图片来源：Arpad Horvath）

（图片来源： Peter Kaminski）

“标准模型”的精髓

起初，夸克被认为是单纯的数学模型的产物。然而到了20世纪70年代，越来越多的物理学家确信这种粒子的存在。

理论家们之所以确信这样的结果不仅仅因为实验所提供的证据，而是因为有了夸克就能够梳理让人感到困惑的基本粒子动物园的理论。正是这样的理论，在20世纪70年代末才有望完成基本粒子物理的标准模型（见图1–14）。

前面提到的加来道雄，在标准模型的细节中写道：“既无聊，也不重要。”因此，我们也决定省略无聊的大部分内容，只提取其精华来介绍。

宇宙的理论化标准模型由6种夸克和6种轻子构成（见图1–15），并且这12种基本粒子构成了宇宙中所存在的所有物质。

这些基本粒子通过3个基本力，即“强核力”“弱核力”和“电磁力”相互结合。其中的强核力将质子和中子结合，形成原

图 1–14　标准模型的方程式
标准模型虽然只用简单的数学公式表示，但它与实验结果非常一致。这些是公式的象征性部分。（图片来源：矢泽科学事务所）

子核。这种力还能结合夸克，起到了形成质子、中子和其他重粒子的作用。

弱核力是与制造原子核的核子（质子和中子）的放射性衰变有关的力，在太阳能量的生产过程中起着重要的作用。强核力

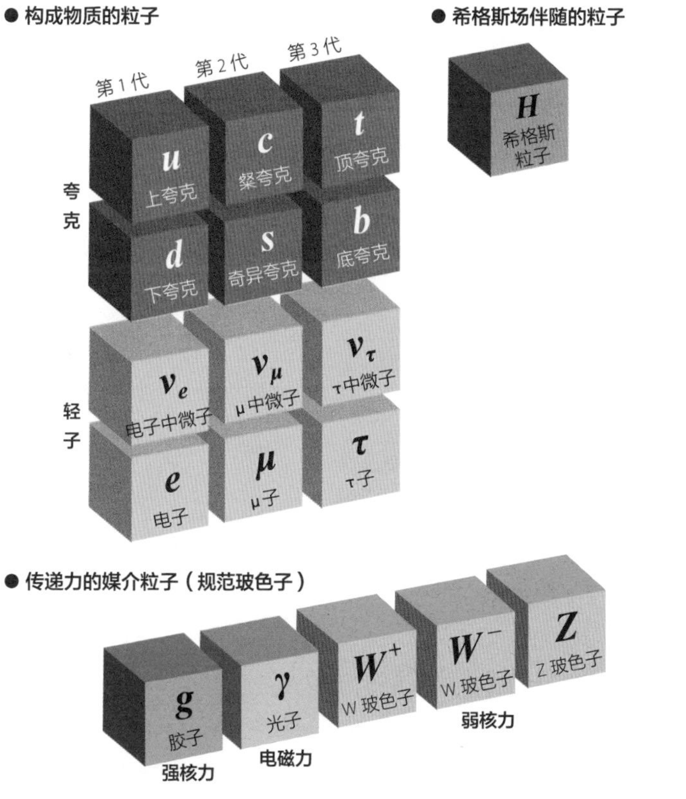

图 1-15　基于标准模型的基本粒子世界

这个表中的基本粒子可以构成宇宙中全部的物质，只是缺少了引力的媒介粒子（引力子）。

（图片来源：矢泽科学事务所）

比电磁力强100倍左右，比弱核力更要强不知几个数量级。

这些力分别由不同的粒子所传播。强核力是由名为“胶子”的粒子传递，弱核力由W玻色子和Z玻色子传递，电磁力由光子传递。

但是这个框架是不完整的。因为它忽略了引力。忽略引力的理由是因为和其他3种力相比较的话，引力过于微弱。而且可能读者已经注意到，在标准模型中无论如何也需要另一个粒子，即希格斯粒子。

虽然这种理论是不完整的，但一直以来，大部分物理学家都因为发现了这个标准模型而沉浸在幸福感中。之所以这么说，是因为这个标准模型与所有的实验数据都一致，至今为止的实验数据没有与之相悖的结果。

那么，他们为什么要花费很长时间来寻找“超越标准模型的东西”，也就是在这个框架之外的新粒子和力呢？为什么每个人一想到希格斯粒子就更开心呢？

理由很简单。标准模型在数学上是“单纯性理论”，但它有一个令人讨厌的弱点。那就是，在这个模型中使用的基本粒子都没有质量。而事实上，除了光子之外的大部分粒子都有质量。

希格斯粒子的生成机制是希格斯机制的关键，它是在不损害标准模型理想数学特征的情况下解释为什么这个世界上存在质量的原因。希格斯机制是为了补救标准模型的这种困境而思考出来的。

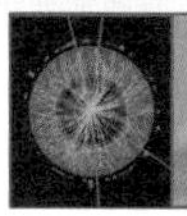

美丽的理论和不美丽的实验结果

美国的理论物理学家、诺贝尔奖获得者弗兰克·维尔切克对这种情况做了如下的描述：

“要想调和这些漂亮的方程式和不怎么漂亮的实验结果之间的相互关系，就必须找到它们之间‘丢失的拼图碎块’，并确定它们是否能顺利地拼凑在一起。”

如果没有那个丢失的拼图碎块，标准模型导出的就是大于1的概率，也就是无意义的结果。这就像试图用理论来推导“抛向墙壁的球的反弹角度”一样，理论只能从文字层面上无限地预测球的反弹角度。

最先埋头研究这一难题的物理学家是史蒂文·温伯格和阿卜杜勒·萨拉姆（见图1–16、图1–17）。

图 1–16　**史蒂文·温伯格**
与萨拉姆等完成了电弱统一理论，预言了传播弱核力的粒子，即 W 及 Z 玻色子。

1967—1968年，两人各自致力于统一电磁力和弱核力，并成功地实现了统一。而将两个力统一的理论，即电弱统一理论，使他们获得了诺贝尔物理学奖。

2012年7月13日的《纽约时报》上，温伯格回忆当时的情景，对他们所面临的问题作了如下的叙述：

“标准模型的核心部分是电磁力和弱核力之间的对称性。这两个力是由粒子来传递的。传递电磁力的是光子，传递弱核力的是W玻色子和Z玻色子。”

到这里为止对称性已经被人们所理解了。但是标准模型还要面临一个问题。温伯格是这样说的：

“这里的对称性表示的是将这些承载力的粒子以基本相同的方式并入理论之中。也就是说，即使将光子与W玻色子和Z玻色子对替换，方程式也不会发生变化。”

图 1-17　**阿卜杜勒·萨拉姆**
与温伯格等完成电弱统一理论，获得 1979 年的诺贝尔物理学奖。

但是，“可以替换”这一概念是完全忽略了存在不同种类基本粒子的情况。例如，尽管光子没有质量，而W玻色子和Z玻色子却有质量等诸如此类的巨大差异。

实际上，W玻色子和Z玻色子是非常重的基本粒子，质量接近氢原子的100倍。因此，温伯格和萨拉姆就必须找到能把标准模型的数学方程式与有质量的粒子这一“现实”统一起来的方法，而得到的答案就是“对称性破缺”。

希格斯场是“物理学的卫生间”

对称性确实是数学理论所表现出的特点。但另一方面，质量这种可观测的物理量却没有在标准模型中考虑对称性。因此，为了使这两种互不相容的理论能够共存，理论物理学家想出了一种方法，即在保留标准模型的对称性的同时，再加入对称性破缺的方法。

那个方法就是指1964年由罗伯特·布绕特、弗朗索瓦·恩格勒、彼得·希格斯、杰拉德·古拉尼、卡尔·哈庚、汤姆·基博尔提出的包含力的媒介粒子理论的希格斯机制（Higgs Mechanism）。

顺便说一下，这个理论原本是将所有人的名字并列称为“恩格勒–布绕特–希格斯–古拉尼–哈庚–基博尔机制”的。这简直就像日本落语代表剧《寿限无》中出现的小孩的名字“寿限无寿限无五劫”（类似绕口令）一样谁也记不住。但不知从何时起，希格斯机制和希格斯粒子只用希格斯的名字做代表了。

由于上述六位物理学家对理论物理学所做出的贡献，他们六人在2010年获得了“J. J.樱井奖”（见图3-24）。樱井指的是在日本出生的美国理论物理学家樱井纯。樱井年轻时就对物理学做出了重要贡献，49岁的他于1982年逝世，后来为了纪念他设立了这个奖项。

温伯格和萨拉姆分别利用这一数学理论将电磁力和弱核力统一为电弱统一理论。在希格斯机制发表的4年之后，电弱统一理论成了标准模型的一部分（关于这一问题将在第3章“‘从汤川粒子’到‘希格斯粒子’之路”中详细叙述）。

与温伯格和萨拉姆共同获得诺贝尔物理学奖的美国物理学家谢尔登·格拉肖（见图1-18）后来说：“希格斯场是现代物理学的卫生间。”这个“卫生间”隐藏了所有不雅的东西，因此物理学的世界看起来非常美丽。

温伯格等人完成的电弱统一理论成了探索希格斯粒子的出发点。在他们的理论诞生之前，希格斯场只是一个有趣的数学模型，但如果将它与电弱统一理论相结合，希格斯场就变成了标准模型的重要部分。

一种场想要成为这个完美模型的一部分，它必须与模型的规则相协调，也就是这个场需要具有能够承载力的粒子。

所以，如果希格斯场已经超越了漂亮的理论层面的话，那么希格斯粒子肯定会存在，总有一天会现身——于是，对希格斯粒子的大规模探索开始了。

图 1–18　**谢尔登 · 格拉肖**

他建立了电弱统一理论的初期模型，后来由温伯格和萨拉姆共同完成。由此他们共同获得了诺贝尔奖。后来，他因批判超弦理论而闻名。

（图片来源：AIP / 矢泽科学事务所）

专栏 2　解释希格斯粒子的方法

读者应该如何向身边的人解释希格斯粒子呢？英国《卫报》提供了针对不同类型的人所采取的不同的解释方法。

· 想让对方不知所措

希格斯粒子是1962年提出的标量玻色子的一种。它是给予基本粒子质量的虚拟而普遍的粒子，也就是希格斯场的潜在副产品。再具体一点说，希格斯粒子在基本粒子物理的标准模型中，是用于解释自然界中对称性自发破缺如何发生的东西……

· 不安的父母

如果把制造物质的成分看作是不听话的孩子的话，那么希格斯场就像宜家的儿童游乐场里滚动的球一样。颜色鲜艳的球都是希格斯粒子，把球全部收集到一起，孩子就会安静下来专注于玩球……

· 英语专业的研究生

希格斯粒子，请读成像“波森”一样啊。它像亚原子标点符号的一种，质量介于小分号和逗号之间。如果没有它，宇宙将是一片毫无意义的云……

· 学习初级物理的青少年

不，那不是原子啊。没有说过是原子啊，也就是说是粒子。我非常了解电磁力是什么呀，它和力的统一……对，这个就是爱因斯坦统一的。质量是由这个什么夸克、那个什么夸克还有玻色子组成的。就到这吧不说了。我已经厌倦这个话题了。

· 纳税人联盟的会员

这个发现是史无前例的，惊人的，几乎是无止境地浪费税金。

· 坐在车后座的孩子

那是科学家一直在寻找的粒子呀，那些叔叔们发现没有它就没有宇宙啦。

因为其他粒子没有质量。那是因为其他粒子都一直以光速飞行，就像光子一样呀。你还要问为什么？我再听到你问就不在汉堡王停车了。

转自：英国卫报

第 2 章

如何发现希格斯粒子?

发现希格斯粒子是极其困难的，因为它只会在短暂的一瞬间出现，但还是有办法去寻找它的。比如，捕捉它从眼前掠过的“影子”，或是捕捉它的“足迹”。

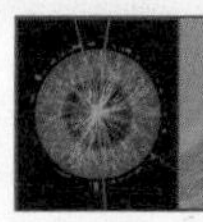

剧烈摇动的希格斯场

谁也没见过希格斯粒子，今后应该也不会看到。这并不是因为希格斯粒子不是真正的粒子。它是粒子，如果存在质量的话，也可以有力的相互作用。

只是希格斯粒子的寿命非常短，它在出现的同时就会衰变。因此，研究人员只能根据衰变的飞行轨迹或产物进行间接的检测。

难以检测的原因不仅如此。希格斯粒子的出现（粒子的碰撞反应）本身就非常罕见，此外即使希格斯粒子出现了，它也不会藏匿于在其他所有粒子的背景噪声中。最重要的是，只有极少数的线索能告诉你应该去哪里寻找希格斯粒子，即使从它出现到我们找到它的这段时间，它也不会在那附近徘徊。

因此，要进行希格斯粒子的探测实验，就需要一个巨大的高精度装置。正因为存在这样的现状，才导致了科学家们花费了极长的时间来探索希格斯粒子。

探测实验已经开始并经过了相当长的时间，但在2011年底，参与实验的某一位物理学家还怀疑此前实验中所设定的能量等级无法寻找到希格斯粒子（见图2–1）——原来实验经过那么长时间，也没有人能保证找到希格斯粒子。

那时CERN的物理学家可以分为两派，即期待实验成功的人和预测实验失败的人。一位研究人员说：“我感觉希格斯粒子不存在。”另一位研究人员说：“我有时相信它存在，但有时又会觉得它不存在，摇摆不定。”甚至有人到了不愿意表明自己意见的程度。

但此后，CERN的研究人员逐渐变得乐观起来。于是，为了使希格斯粒子出现，他们决定对希格斯场进行激烈“摇动”（也有物理学家称其为“撕裂”或“拍打”）的实验。

实验必需品就是世界最大的粒子加速器LHC。为了找出希格斯粒子和其他高能粒子，这样的巨型机器是必不可缺的。希格斯粒子的探索之所以需要漫长的岁月，主要是因为至今为止还没有能量足够高的粒子加速器。

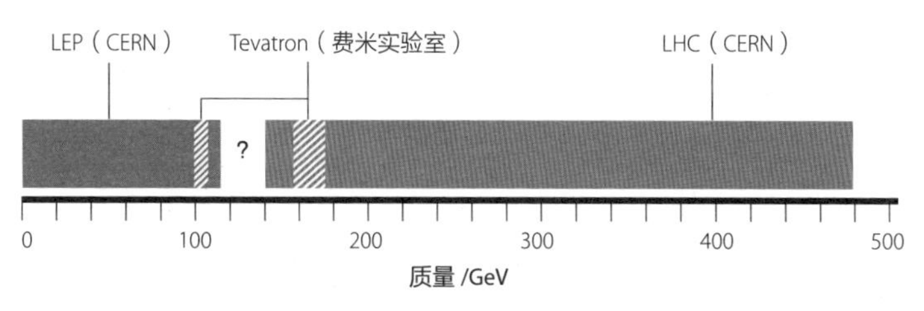

图 2–1　**对“希格斯粒子”的穷追不舍**

根据欧洲核子研究组织的 LEP 和 LHC 以及费米实验室的 Tevatron 的实验，希格斯粒子的能量（质量）区域被缩小到 114~145GeV 之间。问号部分是希格斯粒子可能出现的能量区域。（图片来源：G.Brumfel，Nature，Vol.479［2011］456）

粒子加速器的作用

对于基本粒子的研究者来说，粒子加速器就像是生物学家的显微镜（见图2–2）。这些都是各个领域的研究人员观察微观世界的工具。在生物学中使用的工具能够观测到分子水平。而在基本粒子物理学中，使用的是能够观测到原子核及构成原子的粒子（质子、中子、电子）水平的工具。

粒子加速器的原理很简单。首先它会制造出像质子和电子一样的荷电粒子束，然后利用电磁场加速到超高速，也就是加速到高能量，而后使其撞击固定目标，或者正面撞击另一粒子束。这样一来，非常大的能量会集中在空间的一个点上释放。于是所有种类的粒子和力都出现在那里。

这些粒子和力在日常生活中根本不会被我们看到或感觉到。尽管如此，它们还是成了记述宇宙真实样子的数学理论的一部分。像希格斯粒子一样，理论物理学家也预言了它们的存在。从这一点来看，基本粒子物理必然会吸引很多人。

说到粒子加速器真正的先驱者，毫无疑问是美国物理学家

图 2-2　显微镜和加速器
生物学家的研究工具是显微镜（左），粒子物理学家的研究工具是粒子加速器（右）。两者都用于探索肉眼看不到的世界。

欧内斯特·劳伦斯（见图2–3）。1931年，劳伦斯发明了能加速质子和离子（带电荷的原子）的巧妙装置“回旋加速器”（见图2–4、图2–5）。

他制作的第一个回旋加速器的费用是25美元，虽然是单手能拿的大小，但是能非常好地运转。该装置将质子加速到了80keV。这个小装置之后的LHC能以它1亿倍的能量加速粒子束。

而后，劳伦斯制造了一系列回旋加速器，每一个都变得更大型，也更强大。他通过这些加速器使质子与元素发生碰撞，并使元素具有放射性。

反复进行这种实验的劳伦斯不知不觉地被其他物理学家称

图 2–3　**欧内斯特·劳伦斯**
劳伦斯在 20 世纪上半叶发明的回旋加速器成了现在能产生其 1 亿倍能量的大型加速器的“祖先”。劳伦斯还发现了人工放射性元素。
（图片来源：Lawrence Berkeley National Laboratory）

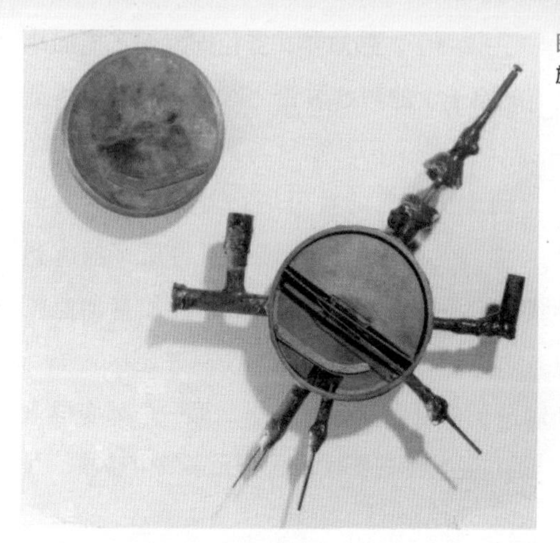

图 2–4　劳伦斯制造的回旋加速器

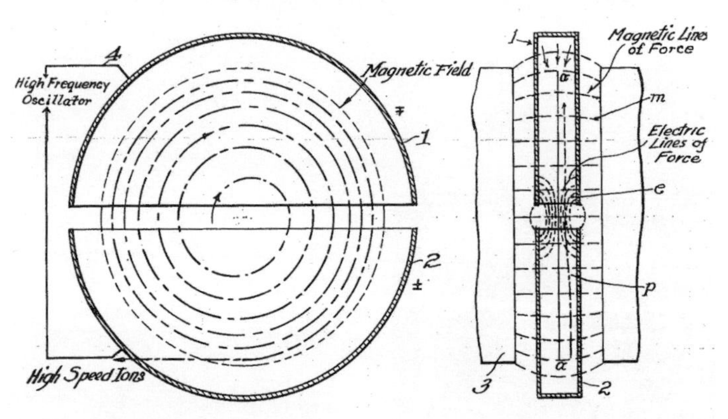

图 2–5　回旋加速器申请专利时的结构图
回旋加速器在现代也被用于治疗癌症。

为“原子粉碎者”，并于1939年获得了诺贝尔物理学奖。同年，第二次世界大战爆发，劳伦斯带着自己的加速器技术参加了开发原子弹的曼哈顿计划（见图2–6、图2–7）。

图 2-6　**劳伦斯（左 1）和当时的物理学家们**
劳伦斯在这张照片的前一年（照片摄于 1940 年）获得了诺贝尔物理学奖。
（图片来源：DOE）

图 2-7　**“二战”时的回旋加速器**
在第二次世界大战期间，为了将铀浓缩并用于原子弹，回旋加速器发挥了重要的作用。这是当时使用的回旋加速器。　（图片来源：Ed Westcott）

美苏两国的大型加速器之争

20世纪50年代是大型加速器的全盛时期，全球出现了十几个加速器同时运转或者建造的景况。特别是战后两个超级大国，美国和苏联，就如同两国间展开的宇宙开发竞争一样，他们开始在加速器大型化方面展开竞争。

这样的竞争使加速器的性能等级得到了快速的提升。1954年在旧金山附近的伯克利建造的高能质子同步稳相加速器Bevatron（见图2-8、图2-9）产生的能量破了纪录，达到

图 2-8　高能质子同步稳相加速器 Bevatron

20 世纪 50 年代在旧金山近郊建造的高能质子同步稳相加速器，它在 1955 年首次发现了反质子。（图片来源：AIP）

6.2GeV。另一方面，苏联在1957年开始参与竞争，在莫斯科北部的杜布纳制造出了能将粒子束加速到10GeV的机器。

欧洲在1959年加入到这个加速器竞争俱乐部。在此之前，由12个国家在瑞士日内瓦近郊合作建立的CERN，建造了质子同步加速器（Proton Synchrotron，PS，见图2–10）。全长200米的PS可以将质子加速到24GeV。

当时，美国和苏联在加速器竞赛中势均力敌。但后来，这项竞赛逐渐在美国和欧洲之间展开。

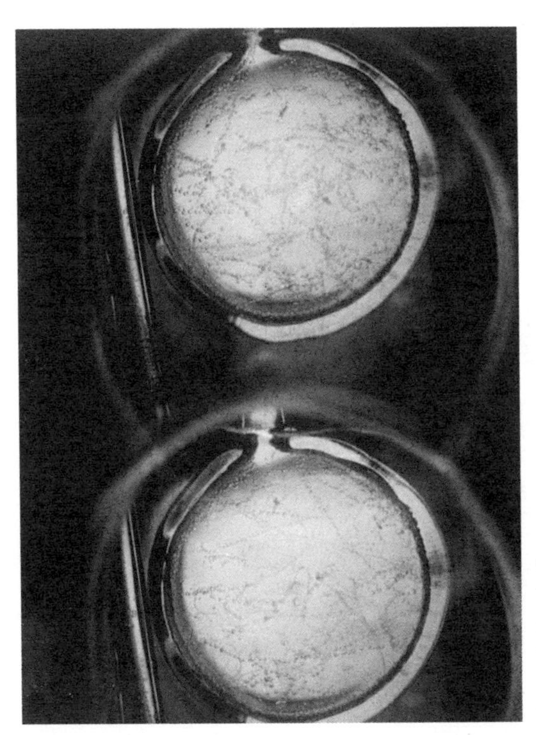

图 2–9 **气泡室**
高能质子同步稳相加速器的气泡室。向充满液态氮的气泡室打入粒子时捕捉到的粒子飞行轨迹。

1973年，CERN的研究人员首次公布了研究成果。美国在几个月前的实验结果中表明检测出了“中性流”（Neutral Current）。温伯格和萨拉姆曾预言中性流与弱核力有关。而就在此时，希格斯粒子存在的迹象也首次被间接捕捉到。

温伯格和萨拉姆使用希格斯机制首次统一了电磁力和弱核力（参见第1章）。他们创造的电弱统一理论的先决条件是存在中性流，并且他们提出了两种必要的重粒子，即W玻色子和Z玻色子。这两种粒子合起来称为“弱玻色子”。

实际上，由于发现了中性流，另外两种基本粒子也被带到了众人眼前。然而，希格斯粒子还在隧道深处。

如果存在中性流，那么W玻色子和Z玻色子也必须存在。而

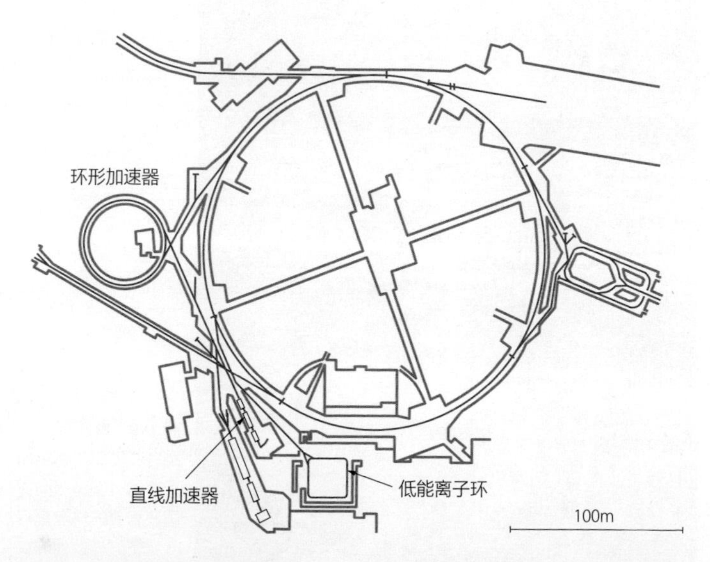

图 2-10　质子同步加速器配置图

如果能确认W玻色子和Z玻色子的存在的话，那么希格斯粒子的发现应该会更进一步。

但是，W玻色子和Z玻色子并没有被当时的加速器找到。与当时的加速器相比较，需要有能产生出比这些更高能量的加速器，所以仅仅一味增大当时的主流加速器是不够的，还要更新加速器。

正面对撞型加速器的构想

这时，在位于新西伯利亚的核物理研究所，才华横溢的物理学家盖尔什・布德科尔（又名：安德烈・米海洛维奇・巴德卡）提出了一个设想。

他的设想是：不是让粒子撞击固定目标，而是让粒子形成两道粒子束，使其相互反向运动，并使其正面碰撞。布德科尔的这个构想被称为“对撞机”，当今世界上几乎所有的大型加速器都是在此基础上建立的。

这个加速器的优点显而易见。如果两道粒子束分别具有30GeV的能量，当它们发生正面碰撞时，就可以将双方的能量简单相加，得到60GeV的能量。也就是说，正面对撞的话能量损失较小。另一方面，在高能粒子与固定目标碰撞的情况下，由于将目标粒子推回需要消耗大量能量，所以能量损失很大。

高能粒子相互正面对撞时，它们会以极其高效的方式完全停止，将其内部存在的大部分能量以转化为新粒子的形式释放出来。

这样的原理可能听起来很简单，但既然这样，为什么要建造2根全周长27千米的加速环呢？这种方式的加速器到底哪里会降低成本呢？

这时出场的是一位名叫布德科尔的天才。他提出使用“反物质”这一概念。反物质（反粒子）具有与正物质（普通粒子）完全相同的质量，除电荷相反之外，两者完全相同。

也就是说，两道粒子束，例如质子束和反质子束可以在同一个加速器中反向运行。如果要用这种加速器进行实验，只需使两道粒子束在加速器中间设置的检测装置中交叉各自的轨道，使其正面碰撞即可。

CERN决定使用“对撞”加速器来探索W玻色子。意大利物理学家卡洛·鲁比亚（见图2-11）所率领的团队在世界基本

图 2-11　卡洛·鲁比亚
从 20 世纪 60 年代开始，他一直在 CERN 进行研究。在 W 及 Z 玻色子发现后的第二年（1984 年）获得诺贝尔物理学奖。他也成为最快拿到诺贝尔奖的物理学家。后来他成为 CERN 的所长。

粒子物理学界享有很高的声誉。为了让“质子–反质子碰撞”成为可能，该团队重新设计了CERN的“超级质子同步加速器（SPS）”（见图2–12）。

新建成的SPS可以向每道质子束提供270GeV的能量，共计可以提供540GeV的能量。如果达到这种能量的话，可以充分制造出被认为具有100GeV左右质量的W和Z玻色子。

实验开始于1981年。两年后的1983年1月，鲁比亚宣布发现了W玻色子。物理学家确定了五个不同的“事件”，它们只能解释为W玻色子的产生和衰变。四个月后，他们发现了Z玻色子（见图2–13）。

这些发现不仅为物理学家提供了电弱统一理论正确性的证据，而且为希格斯机制增加了可信度。

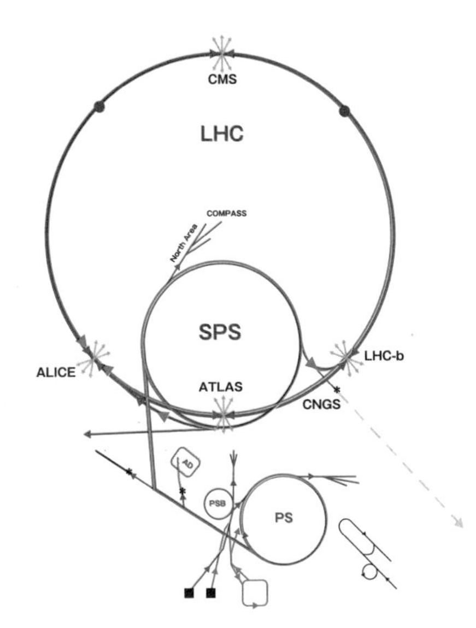

图 2–12　超级质子同步加速器（SPS）

通过鲁比亚新设计的 SPS 发现了 W 玻色子和 Z 玻色子。

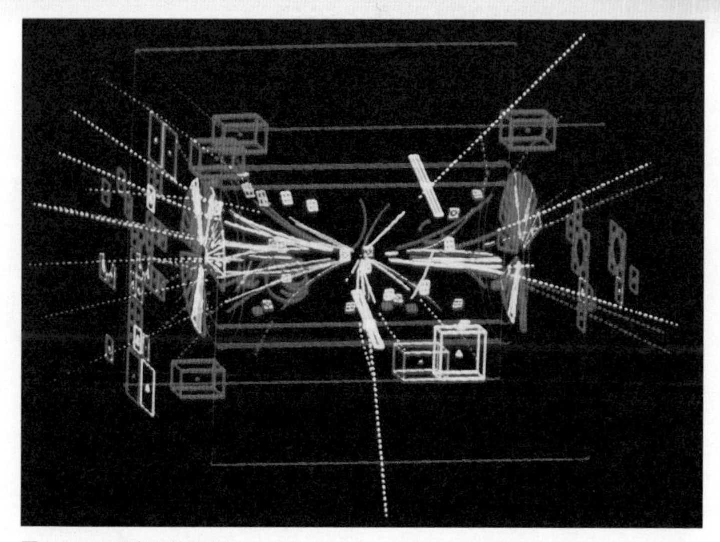

图 2-13　**Z 玻色子的发现**

CERN 的检测器 UA1 捕捉到的弱玻色子中的一个 Z_0 粒子的对撞反应。这已经成了电弱统一理论的证据。

为探索希格斯粒子而建造的巨型机器

W玻色子和Z玻色子一被发现，物理学家们马上就正式开始制定以“探索希格斯粒子”为目标的实验计划。CERN的物理学家制作了这个粒子的“面部照片”。这是一份长达48页的文件，描述了希格斯粒子如何在碰撞中产生，并衰变成了什么样的粒子。

然而，希格斯粒子的形象仍然模糊不清。物理学家们完全无法了解它的质量，而它的寿命也未确定，大概是在10^{-20}秒到600微秒之间。

我们从进行这一记述的物理学家的一段文章中发现了下面的内容。从文章的内容来看，显然他们对希格斯粒子的存在和发现并不乐观。

“希格斯粒子的情况并不令人满意。首先，我必须强调，它们可能不存在。”

无论如何，科学家们在20世纪80年代建造出了两台大型加速器，它们都是各自种类中最大最强的。1983年，美国芝加哥的费米实验室开始使用超导磁铁，制造出了周长6.3千米的加速器，它能够制造1TeV能量的粒子束。

6年后，CERN建成了大型正负电子对撞机（LEP）。其周长达到27千米，是史上最大的环形加速器。

LEP使用电子及其反粒子——正电子作为碰撞的粒子束。这与质子–反质子碰撞相比有明显的优点。也就是说，电子和正电子是轻子，碰撞时产生的“碎片”很少。与此相对应，质子之间是由夸克和胶子组成的，因此碰撞反应非常复杂。

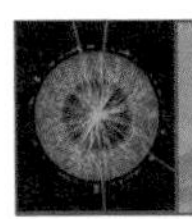

疑似希格斯粒子的出现

但是LEP也有缺点。因为电子非常轻，所以LEP能产生的能量比它的竞争对手美国的Tevatron要小得多。

另外，电子在曲线通道中运动时，会因辐射失去能量。这种现象被称为“同步加速器辐射”（见图2–14）。而且曲线越紧，损失的能量就越多。因此，加速环必须非常大才能使曲线松弛。

LEP的两道粒子束分别产生了45GeV的能量。这足以产生Z玻色子。这台机器成了名副其实的“Z玻色子生产工厂”，释放出了几十亿个Z玻色子。

2000年末，按预定计划在LEP运行结束之前，CERN的研究人员将加速器的能量提高到了209GeV。于是终于在质量约115GeV附近，出现了令人期待的疑似希格斯粒子的迹象。

兴奋的研究人员向CERN的管理方申请要求再延长6周的运行时间，这一要求得到了许可。于是，他们又探测到了疑似希格斯粒子更多的数据。

而后，物理学家希望再次延长运转时间，但这个想法被驳回了。LEP被解体，因为它必须把位置让给能够提供更高能量、

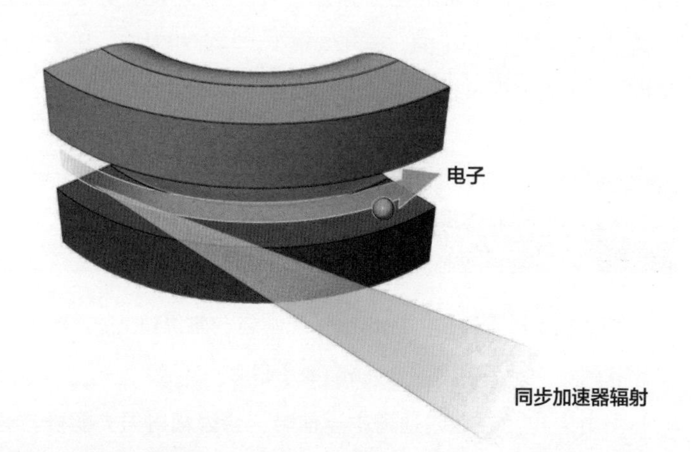

图 2-14　同步加速器辐射

电子的轨道变弯曲的话会辐射出能量，这被称为同步加速器辐射。

（图片来源：细江道义）

将来要成为“真正的希格斯粒子猎人”的LHC。

另一方面，美国的Tevatron运行到2011年，与LEP不同的是，它只探测到了一些类似希格斯粒子的影子。

然而，这些加速器揭示了今后探索中所应该使用的能量范围。LEP揭示了寻找希格斯粒子的能量下限是114GeV左右，而另一方面，Tevatron揭示了160GeV左右的能量应该高于探索范围。

实际上，发现希格斯粒子需要更高的能量，这对任何一个研究人员来说都并不惊讶。而早在这两台加速器建造之前，物理学家就为了探测希格斯粒子而计划建造更大型的机器。

美国设计的机器被称为SSC。它是Super-conducting Super Collider（超导超级对撞机）的缩写。另一方面，欧洲的计划则是已经在前文中详细介绍过的CERN的LHC。

世界最大的 SSC 被中止建造

这两个项目激发了双方的竞争心理。在CERN发现W玻色子和Z玻色子之后，1983年，《纽约时报》报道说：“在寻找物质的终极素材的竞争中，欧洲人领先了。”

与此同时，位于德国汉堡的德国电子同步加速器（Deutsches Elektronen Synchrotron，DESY）的研究人员发现了一种媒介粒子——胶子，该粒子传递了将夸克保持在一起的力。

在这种情况下，美国为了夺回胜利者的地位而着手建造的就是上述周长87千米，最高能量可达到20TeV的SSC。

当时，时任费米实验室主任的利昂·莱德曼与凭借对电弱统一理论的贡献而荣获诺贝尔奖的谢尔登·格拉肖一起在某科学杂志上发表文章说："如果这台机器建造失败的话，不仅会造成科学界的损失，还会给国家的自尊心和技术上的自信心等众多方面带来极大的损失。"

3年后，里根总统批准了SSC计划，并于1991年开始建设。地点是得克萨斯州的沙漠地带（见图2-15）。

但是两年后，噩梦袭击了美国的粒子物理学家。联邦议会

图 2-15　SSC 的末路

本应成为史上最强大加速器的 SSC，因联邦预算削减而中断了建设。挖到一半的隧道和建筑物现在还保留着。

以削减预算为由，导致在建SSC被迫中断。那个时候已经花费了20亿美元，隧道已挖了23千米，连接地面的垂直隧道也挖了17个（见图2–16）。

中止的理由实际上很复杂。其他科学领域的研究人员不断地批评联邦政府因为向基本粒子物理领域投入巨额经费而锐减了其他领域的研究预算，而且联邦政府和科学界之间的步调也难以和谐统一，此外还有难以得到所需数量的超导磁铁等原因的存在。在这种情况下，克林顿总统决定停止这个计划。

在LHC发现了疑似希格斯粒子大约20年后的现在，史蒂文·温伯格仍为SSC的突然中止感到惋惜。如果SSC完成了，就能实现比LHC多3倍的能量，并且研究进展应该更加

快速。

而在欧洲，CERN用超导磁体将LEP的隧道完全“重新铺设”建造了LHC。在2008年，该加速器发射了第一道质子束。但是由于技术原因，实验在第二年才开始。

2010年，LHC的碰撞能量达到7TeV。就像美国物理学家丽莎·兰道尔2005年在她的著作中预言的那样，LHC的实现使希格斯粒子的出现变得越来越可能了。她写道：“如果希格斯粒子存在的话，那么它将在LHC开始运行的数年内出现……”她的预言是几乎正确的。

图 2-16　**建设中的 SSC**
这是挖掘垂直隧道时的场景。垂直隧道与 SSC 的地下隧道相连通。同样的垂直隧道已经挖掘了 17 个。

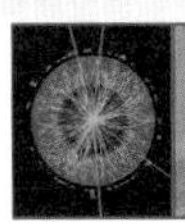

质子间数万亿次的碰撞

由LHC首次实现的超高能量的对撞是产生希格斯粒子最基本的前提条件。但这仅仅是开始。在那之后又有更多的困难持续出现。那么，希格斯粒子是如何诞生的呢?

首先，希格斯粒子极其罕见地存在于两道粒子束碰撞时产生的所有粒子中。并且，希格斯粒子一旦产生，就会在10^{-21}秒后迅速衰变成另一个已知的粒子。

由于基本粒子的碰撞反应而产生的这个事件，在检测器内部留下了痕迹反映了新产生的粒子的飞行轨迹以及其能量的大小。物理学家根据这个痕迹，使用特殊的计算机软件重构最初发生的事件。

但是，从所有粒子留下的痕迹中寻找希格斯粒子的痕迹，就像在大海中寻找一滴墨水一样。通过下面的描述，也许能在某种程度上想象出来。

LHC由多段加速器构成。首先质子离子发生器产生的质子离子通过直线加速器被加速到50MeV，接着通过质子同步助推器和超级质子同步加速器（SPS）加速到450GeV，同时集结成“质子团”（bunch）。也就是质子以高密度的质子束（beam）状聚在一起，之后推送到主加速器LHC中。

这一系列的加速器在每一次实验中，都会在相反方向上对2808个质子团构成的两道质子束进行加速。一个质子团里含有

1150亿个质子。这样看来，虽然质子的数量多得出奇，但其静止质量给人的感觉却和零一样。全部合计也只有1毫克的0.000001倍，即10亿分之一克。

在碰撞点处，各个质子团被压缩到直径16微米，它的细度不到头发直径的1/4。这样的质子团在检测器中相互交叉时，每次平均会发生20次左右的质子间正面碰撞。

考虑到一个加速环里含有1000亿以上的质子，20次左右的碰撞似乎太少了。但是，由于该质子团在加速环中以每秒1万次以上的速度旋转（速度达到光速的99%的亚光速状

专栏 1　将能量集中的方法

在加速器实验中，粒子的能量以电子伏特（英语：Electron Volt）为单位表示。1 电子伏特（1eV）是指当一个电子通过具有 1 伏特电位差的空间时所获得的能量。

当质子穿过 LHC 时，它将获得 7TeV 即 7 万亿电子伏特的能量。从数量上看，这似乎是巨大的能量，但在我们感觉到的能量水平上来看，它的能量很小，大约与别针从 2 厘米的高度掉落时的能量相同。

但是加速器可以把这个能量压缩到一个可以称为无限小的粒子的大小，也就是别针的 1 万亿分之一的空间之里去。这样一来，能量就会被无限地凝聚在一起。

我们可以打一个比方。用拳头敲打毛巾，无论用多大的力气恐怕也打不出洞来。但如果用针扎毛巾，不需要怎样费力气就会轻松做到，把能量集中在小范围内就是这样的。

专栏 2 物理学家追求“5σ”的理由

当粒子物理学家评估加速器实验的结果时，将它的统计意义以“西格玛”即标准差来表示，单位符号是希腊字母 σ。标准差是指数据误差的大小，在这里它被解释为超出背景噪声多少的指标，即 σ 越大越好。

其他领域的科学家中也有认为 2σ 水平的确定性就可以的。2σ 表示实验结果是“真实”的，概率为 95%或更高，而不是单纯的背景噪声振动。

但是对于基本粒子物理学家来说，这是不够的。因为过去被认为是 2σ 水平确定性的结果在更详细的实验中被否定的情况不少。对于他们来说，最低条件是 3σ 水平，即背景噪声不振动的概率在 99% 以上。

尽管如此，在发表结果的时候科学家还是使用了“找到了……的证据”或“观测到了……”等措辞，而没有使用“发现了……”。因为如果要用“发现”的话，就必须要更高的确定性。

在基本粒子物理中可以称为黄金定律的是 5σ 水平的确定性。这意味着标准差的概率在 300 万分之一以下。

那么粒子物理学家为什么如此“超级保守”呢？其原因是在过去曾反复多次进行了过分追求乐观数据的实验，虽然数据的解释变得容易，但是这也是产生错误的原因。如果对背景噪声加以推论，就会得出不正确的结论。

还有很多研究人员试图在测量界限处采集数据。在那里能够测量背景噪声的事件是极少存在的。

这样的事例实际上是在 2000 年进行 LEP 实验时发生的。研究人员认为 115GeV 的希格斯粒子已经开始出现了，但是之后的分析表明，当时的数据对背景噪声进行了较低的评价。

有了这样的经验，研究人员更加慎重了。现在为了让人们能够把实验结果作为事实来接受，研究人员们开始追求 5σ 水平的确定性。再加上从其他实验中也得到了同样的结果的时候，才能逐渐变得安心起来。

态），并且持续10~25个小时，所以在这期间会发生数万亿次的碰撞。

然而，在如此大量的碰撞中能够产生疑似希格斯粒子的也只有那么区区几次。即使希格斯粒子出现，这也是非常罕见的事件。

前面提到的丽莎·兰道尔对于这种情况描述是：几乎所有质子间的碰撞都是“如标准模型所预言，仅仅产生我们已知的无聊的粒子”“对于追寻希格斯粒子的信号的实验人员来说，它们仅仅是弄脏水的东西而已。”

也就是说，进行实验的研究人员必须检查数万亿次的碰撞事件。并且他们必须要从这些数据中找出“代表某种特殊事件的信号数据偏差”。当然这个工作的大部分是交给电脑了。

LHC的研究人员在2011年12月宣布了一些特别的事件，这或许是能够证明希格斯粒子产生的证据——物理学家将其描述为“3σ事件”。

另一方面，美国费米实验室的研究人员也在2012年7月发表了过去10年间发生的约500万亿次碰撞的分析结果，并表明拥有3σ水平的确定性。也就是说，它们是噪声的概率还是非常高的。

这种程度的信号无论如何也不能说是发现希格斯粒子的证据。终于还是CERN的LHC研究人员在2012年7月4日发表他们“观测到了5σ事件”（见图2–17）。

这里的5σ是指：他们观测到的信号是背景噪声的概率为

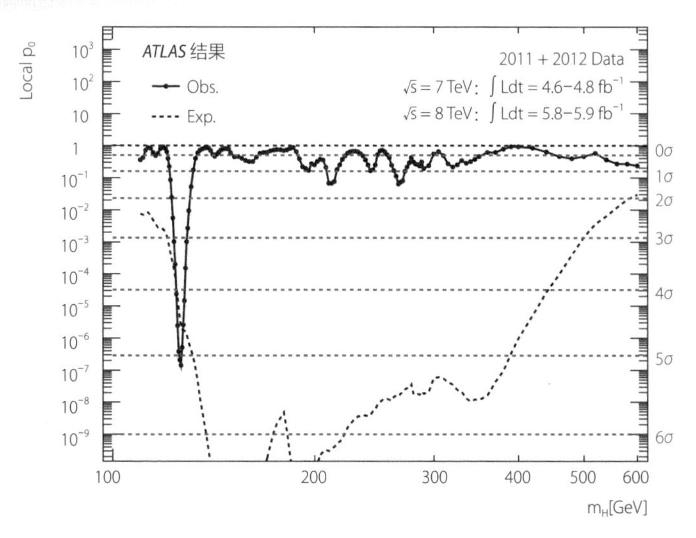

图 2–17　**5σ**

ATLAS 检测器的实验结果显示了 5σ 的示例。在 125GeV 周边的事件向下突出。图表左边的纵轴表示的数据是背景（背景噪声）的可能性，右边表示的是标准差。

（图片来源：CERN）

170万分之一。他们高兴地说：“感觉自己好像走在正确的道路上。”

发现希格斯粒子的计算方法

从发现希格斯粒子本身所需要的过程来看，前半部分过程是相对容易的，困难的是必须确认希格斯粒子存在的后半部分过程。

在实验中，不会寻找只有短暂生命的希格斯粒子本身。因为它的生命太短暂了，被检测器捕捉到的概率从一开始就是零。取而代之，研究人员开始寻找希格斯粒子衰变后所产生的粒子。

希格斯粒子应该有非常多样的衰变，有可能衰变成W玻色子或Z玻色子对、光子对，或者夸克和轻子对。

图2-18是表示希格斯粒子衰变过程的一个例子，它被称为“费曼图”。这源于提出这一表达方法的理查德·费曼。

左端的*g*是表示超高温状态下的质子变成胶子和夸克的等离子体的状态。两者相互碰撞形成希格斯粒子H，然后立即衰变为两个Z玻色子。

Z玻色子也像希格斯粒子一样只能拥有短暂的生命，在到达检测器之前就会衰变，分别变成两个轻子及其反粒子。

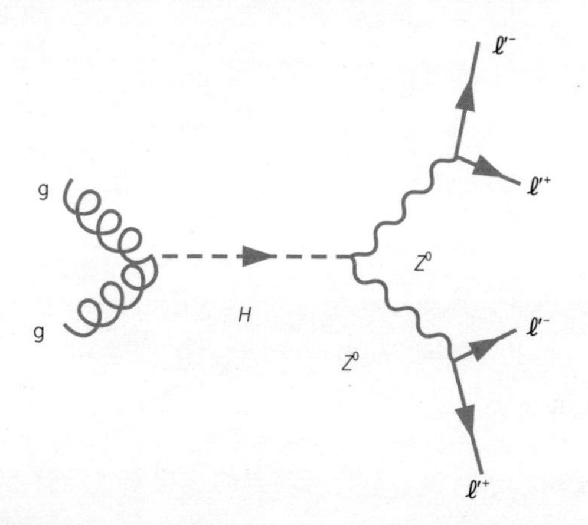

图 2–18　**费曼图**

费曼图显示了希格斯粒子衰变过程的一个例子。首先衰变为两个 Z 玻色子，最终衰变为带有不同电荷的轻子。

由于这样产生的轻子，即电子和μ子是稳定的基本粒子，研究人员可以测量它们的能量、动量和电荷，然后对获得的数据进行追溯计算，以求出希格斯粒子的质量。

要说为什么会有这样的可能性，那是因为能量守恒定律支配着飞散的粒子以及构成原子的粒子世界。也就是说，在这个衰变过程的前后，能量、电荷和动量这三个物理量保持不变。

当希格斯粒子衰变为一对Z玻色子时，能量（质量和动能）被其衰变而成的Z玻色子所继承。同样的情况在Z玻色子向轻子衰变时也会发生。

因此，如果将最终衰变而成的粒子所具有的电荷、能量和动量合计在一起，就能得到两个Z玻色子的能量和动量。并且根据这个计算可以确定希格斯粒子的质量（顺便一提，希格斯粒子的电荷为零）。

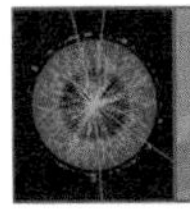

希格斯粒子还是不存在的好?

现在所看到的对撞反应只是可能存在的希格斯现象之一。在理论上，希格斯粒子的生成和衰变的路径被称为“通道”，这样的通道有很多。CERN的LHC报告是以其中2~3个通道的实验结果为基础的。

为了区分这些事件暗示出现了哪个希格斯粒子，必须尽量研究更多的通道。这就是现在CERN的研究者正在研究的课题。要弄清楚他们确实抓住了希格斯粒子，还是这场“骚动”都是错误的，还需要一段时间吧。

但是，即使希格斯粒子的探索以失败告终，物理学家，特别是理论物理学家也不会感到非常失落。2011年播放的英国BBC节目中一位物理学家说：

“从长远来看，否定结果会更加令人兴奋。因为必须要回到‘设计图’再从头开始。这样会更有趣吧。”

第3章

从“汤川粒子”到“希格斯粒子”之路

首先是汤川秀树。理论物理学家预言了新粒子，然后实验，物理学家负责找到它——基本粒子物理学的这个发展过程始于汤川。后来，彼得·希格斯进行了预言，实验物理学家终于找到了希格斯粒子。

新粒子的发现

世界是由粒子构成的——这种看法可以追溯到距今2400年的古希腊哲学家德谟克利特（见图3–1）。

德谟克利特认为，所有的一切都是由肉眼看不到的“原子”构成的，原子之间存在空间。原子不能再被破坏，它们的形状和尺寸都不一样，一直在运动。而且他认为原子的数量是无限的（见图3–2）。

前面提到的物理学家利昂·莱德曼曾写道：“德谟克利特不仅是天才，而且他远远地走在了时代的前面。”莱德曼在1993

图 3–1　德谟克利特
德谟克利特的原子论与现代基本粒子物理的观点有共通之处。

年发表的著作《上帝粒子》中用了10页篇幅对德谟克利特进行介绍。他特别从这位古代哲学家的思想中引用了两句话。

“除了原子和空间之外什么都不存在。除此之外的一切都只不过是人们的遐想。”

“宇宙中存在的一切都是偶然和必然的结果。”

这两个陈述是卓越的科学直觉。这不仅让我们感同身受，也必然让量子力学和海森堡的不确定性原理有所褪色。莱德曼甚至写道：“现在的基本粒子物理的标准模型与德谟克利特的直观原子论没有什么不同。”

在我们所知道的基本粒子的标准模型中，德谟克利特所说

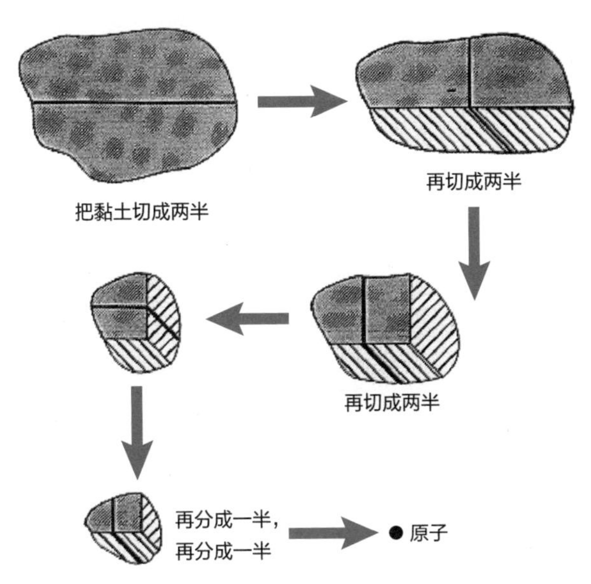

图3–2 德谟克利特的“原子”的概念

的原子被分为两组。一组是六种夸克，另外一组是六种轻子。莱德曼说有了它们，就可以创造过去和现在的宇宙中的一切。

他还与德谟克利特进行虚构的讨论，对这位古希腊哲学家说：

“实际上，现在宇宙中所存在的物质几乎都是由上下两个夸克和电子构成的。而且，中微子在宇宙中嗖嗖地飞来飞去。但是除此之外，夸克和轻子的大部分都可以在我们现代的实验设施中制造出来。”

莱德曼在与德谟克利特的对话中描述的基本粒子世界非常简单，根本无法与20世纪50~60年代出现的“基本粒子动物园”相比较。

实际上，20世纪在高能加速器出现之前的时代里，爱因斯坦（见图3–3）和其身边的物理学家如尼尔斯·玻尔（见图3–4）和维尔纳·海森堡（见图3–5）等人满足于当时经常被

图 3–3　**阿尔伯特·爱因斯坦**
爱因斯坦在二十几岁发表的狭义相对论使他的名字不朽。他接受了当时对基本粒子的看法。

图 3–4　**尼尔斯 · 玻尔**
量子力学的建立始于玻尔 1913 年的原子模型。在科学史上，他与爱因斯坦围绕量子力学的解释展开了争论。　　　　　　　　（图片来源：AIP/ 矢泽科学事务所）

图 3–5　**维尔纳 · 海森堡**
量子物理革命第二幕的主角。他那时才二十多岁。　　　（图片来源：德国联邦档案馆）

定义的粒子概念，即质子、中子和电子的概念。所以谁也不欢迎在那里加入新的粒子。

然而在1928年，保罗·狄拉克（见图3-6）预言了“正电子”的存在。后来狄拉克说，能够接受电子的反粒子，即正电子的存在对于他自己来说是极其困难的事情。

在两年后，这次是沃尔夫冈·泡利（见图3-7）。他苦闷地对中微子的存在进行了预言。他别无选择，因为他知道否定新粒子的存在就是放弃能量守恒定律，这是很严重的。然后在狄拉克预言的两年后，确实在宇宙射线中发现了正电子。

就这样，物理学家渐渐习惯了与新粒子的相遇，同时也明确了推进基本粒子物理学的驱动力。也就是说，首先理论物理学家预言新粒子，然后实验物理学家发现新粒子——就像发现希格斯粒子一样的顺序。

图 3-6　**保罗·狄拉克**

他创建了狄拉克方程式，该方程通过应用狭义相对论来描述量子力学中的电子，并预测了电子的反粒子（正电子）的存在。因为他不喜欢出名，想要拒绝获诺贝尔奖，但被说服后赢得了诺贝尔奖。（图片来源：Nobel Foundation）

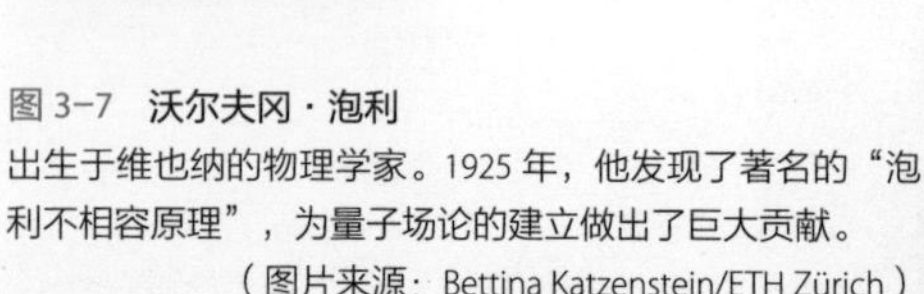

图 3-7　**沃尔夫冈·泡利**

出生于维也纳的物理学家。1925 年，他发现了著名的“泡利不相容原理”，为量子场论的建立做出了巨大贡献。

（图片来源：Bettina Katzenstein/ETH Zürich）

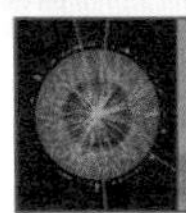

先驱汤川秀树的“介子”

这个领域的世界先驱是日本的理论物理学家汤川秀树（见图3–8）。为了解释说明新发现的现象，汤川开始了自由地假设新粒子存在的思考过程。

图 3–8　**汤川秀树**
汤川在 1949 年成为首位获得诺贝尔物理学奖的日本人。他预言了传播强核力或弱核力的粒子的存在。下面的照片是爱因斯坦、汤川、约翰·惠勒在普林斯顿高等研究所附近的公园散步的情景。（图片来源：〔上〕Nobel Foundation. /〔下〕Wallace Litwin & Josef Kringold/AIP）

第二次世界大战结束后不久的1949年，汤川凭借“在核力的理论基础上预言了介子的存在”这一成就被授予了诺贝尔物理学奖。

汤川1907年出生在东京，1929年毕业于京都帝国大学，27岁的时候就发表了关于新理论的论文。那是关于核力，也就是在质子和中子内部起作用的力的相关研究，题目是《关于基本粒子的相互作用》。

汤川的这个理论预言了当时未知粒子的存在，后来它被称为介子或汤川粒子。

此时已经是大阪帝国大学年轻教授的汤川，在20世纪30年代的粒子物理世界掀起了巨大的波澜，这让世界的理论物理学家大伤脑筋。强核力具有什么性质?为什么原子核不会扩散呢？

当时，人们认为原子核里装满了带正电荷的质子。然而正电荷应该是相互排斥的。那么为什么质子会一直黏在一起呢?

汤川认为，质子和中子在原子核中通过交换某种粒子相互吸引。他把电磁场作为一个类推模型得出了这样的结论。

我们可以想象两个原子或分子，在两个电中性原子之间没有电磁力作用，它们不会反弹或彼此吸引。

然而，当这些原子（或分子）非常接近时会发生变化，每个原子最外面的电子（外壳电子）“感受”临近的原子所拥有的电子的存在，它的轨道（如果使用量子力学的概念的话就是电子的概率分布）将会发生变化。结果，由于外壳电子围绕两个或多个原子旋转，这些原子形成结合状态（见图3–9）。

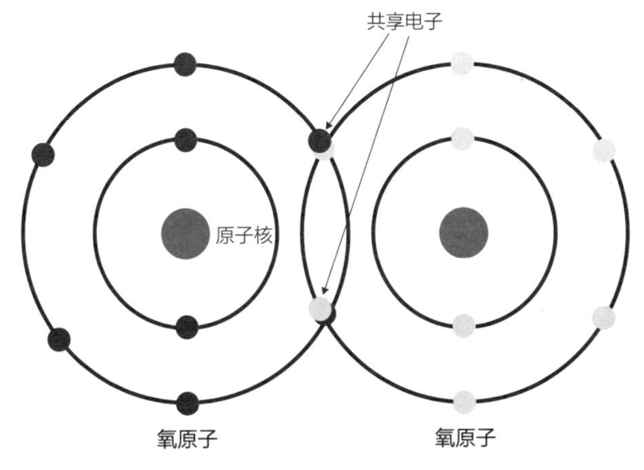

图 3-9　**外壳电子**
在原子核的周围，虽然电子形成了电子壳（即轨道的集合），但是当原子之间相互接近时，最外侧的电子将会形成共用结合状态。

也就是说当原子之间足够接近的时候，它们之间的引力就会占据优势，从而将原子之间连接起来。此时引力的传播媒介是电子，电子将原子结合在一起成为分子。这种方法有助于理解在短距离内起作用的其他力的结构。

因此，汤川开始推测在短距离内起作用并将核子放在一起的核力，也是由围绕质子和中子旋转的粒子交换所引起的。

在原子核的周围，虽然电子形成了电子壳（即轨道的集合），但是当原子之间相互接近时，最外侧的电子将会形成共用结合状态。

他创造出了一个数学模型，描述了构成原子核的核子之间（质子和中子）相互作用的引力。并试着自己计算出预言的粒子（汤川粒子）的质量。结果得到的答案是，它的质量是电子的

300倍，是质子的几分之一，是介于电子和质子之间的质量。

于是他给这个粒子取了一个名字，在希腊语中是“中等”的意思，英语用“meson”或“mesotron”来表示。而日语中把它翻译成“中间子”（介子）。

时代可提供的能源水平

汤川在后来的1973年的一篇文章《创造性和直觉》（“Creativity and Intuition”）中，对自己完成假说的历程做了如下说明：

“我觉得人遇到自己难以理解的事情时，可以注意它与自己所熟知事情的类似性。然后将两者进行比较，有些时候一直无法理解的事情就可以理解了。如果这种理解是恰当的，并且也没有别人这样理解的话，那么我们可以确定自己所想到的事情是真正具有创造性的。”

汤川对粒子的寻找，在某种意义上是可以和寻找希格斯粒子的过程相比的。正如20世纪30年代理论物理学家的大目标是查明核力的性质一样，寻找希格斯粒子是进入21世纪前10年里基本粒子物理学的圣杯。

然而，两个时代的探索方式和规模是截然不同的。汤川秀树的理论所诞生的时代，还是研究构成原子的粒子（亚原子粒子）的时代，也就是物理学的黎明期。那时只不过有为数不多的物理学家在研究这个问题。

但今天，仅CERN的加速器实验就涉及3000多名常驻工作人员和近1000名客座研究人员。而且这个领域的研究已经变成了需要数十亿美元巨额预算的巨大项目。

另外，致力于该项目的希格斯粒子的搜寻者们受到了全世界的关注，成为报纸和电视的头条新闻也不是什么稀奇的事情。在汤川秀树等人的时代，除了物理学世界的人以外，几乎没有人对这种研究感兴趣，也不理解他们在研究什么。

但这两个时代也有共同点。那就是无论过去还是现在，首先都要建立理论，并通过实验加以确认，这就需要相当长的时间。

在汤川秀树提出上述假说的时代的实验物理学家所观测到的主要是原子的壳（电子）和原子核相关的核反应（见图3–10）。

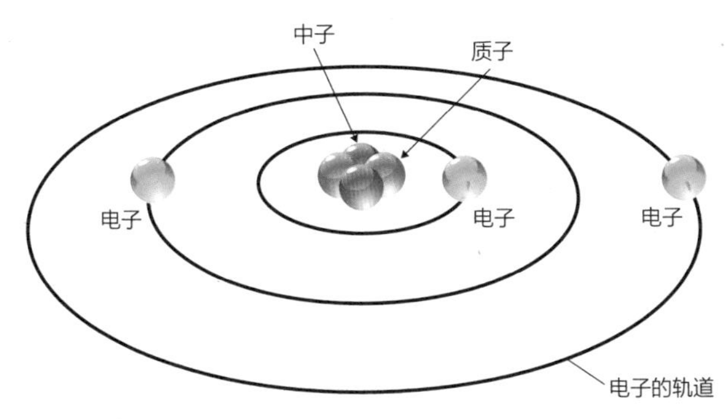

图 3–10　**电子轨道**
像它的名字一样，在经典物理学中电子被认为是绕着原子核旋转的。但是自从量子力学成立以后，电子是用来表示某种状态以波动函数为基础的概率而存在的。

例如，从原子壳中释放出的光子所具有的能量就是电子的能量，并且在1keV的范围内。另外，调查与原子核相关的α粒子等的反应，其碰撞实验的能量是1MeV的水平。

而汤川所预言的介子被认为具有约150MeV的静止质量。这是当时用来调查原子和原子核反应的能量水平怎么也找不到的质量。

汤川粒子是π介子

经常被形容为“真空”的宇宙空间，实际并非空空如也。那里有以质子为首的各种粒子飞来飞去，也有可以将其加速的强核力和电磁波。当它们组合在一起时，就会形成一种“质子风”，吹向地球（见图3-11），这就是宇宙射线。

但是，宇宙中的粒子几乎不会直接撞击地球，它们几乎都会在大气的上层撞击空气分子。由于这个碰撞，原子核会被破坏产生新的粒子，其中一部分粒子会马上衰变，进而变成别的粒子。

像它的名字一样，在经典物理学中电子被认为是绕着原子核旋转的。但是自从量子力学成立以后，电子是用来表示某种状态以波动函数为基础的概率而存在的。

这种宇宙射线的存在早在1912年就被奥地利物理学家维克托·赫斯观测到了（见图3-12）。赫斯把3台电位计固定在气球上并使其上升到5300米的高空，用于测量大气中的放射线。他有

图3-11 宇宙射线
地球的大气上空从宇宙不断地落入各种各样的粒子（放射线），与大气中的原子和分子反复碰撞。（图片来源：Juurigi Torari）

图3-12 维克托·赫斯
他亲自乘上气球，观察了大气中数千米高度辐射强度的变化。

时甚至冒着生命危险坐上自己的气球，在白天和夜晚监测高度的变化会如何影响放射线强度的变化。

当时，人们认为大气中的放射线是从地面发射出来的，但是赫斯根据这个观测发现了另一个答案。随着海拔高度升高，放射线强度逐渐变弱，在1000米的高度时达到了最低值；在那之后又随着高度的升高而逐渐提高，在5000米的高度时放射线强度变成在地面测量时的4倍。

就这样，赫斯发现了大气中的放射线来自宇宙。为此，他被授予了1936年的诺贝尔物理学奖。“宇宙射线”的称呼是在赫斯发现它之后加上的。

在1936年，美国物理学家卡尔·戴维·安德森首次在宇宙射线和大气的反应生成物中发现了汤川粒子的候选者。当时这个粒子被称为“μ子”（μ介子）。μ子频繁地出现。在地面上，每秒钟有数个μ子穿过人类的头部。

安德森曾认为自己所发现的粒子的质量似乎与汤川所预言的介子的质量几乎一致，但是那是错误的。

在那之后的十多年的研究表明，μ子并没有以强核力为媒介。相反，它反而表现出了“加重版的电子”一般的动作。

1947年，科学家们在另一种反应中发现了真正的汤川粒子。其反应是一个粒子（介子）会立即衰变成其他的介子。

在这个双重介子反应中，只有第一个介子是汤川秀树所预言的粒子，它被称为“π介子”。而第二次出现的小质量粒子是安德森已经发现的介子。

一年后，加利福尼亚大学伯克利研究所宣布，利用当时世界最强的184英寸同步加速器人工制造出了π介子。这个同步加速器的发明者即前文中介绍过的欧内斯特·劳伦斯曾说过：“最初提议建造这个同步加速器的时候，就表明新的同步加速器的重要实验目标是寻找汤川粒子（见图3-13）。”

就这样，当汤川秀树的理论得到验证后，基本粒子物理学开始了长足的发展。基本粒子物理学成为物理学领域的热门话题，吸引了众多年轻有才华的研究人员到这一领域，在他们之中有一位美籍日裔物理学家南部阳一郎。

图3-13　184英寸的加速器是20世纪50年代美国劳伦斯伯克利国家实验室所建造的同步加速器。它是当时世界上最大的加速器，被命名为“Bevatron（高能质子同步稳相加速器）”

（图片来源：劳伦斯伯克利国家实验室）

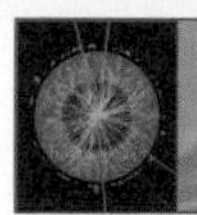

打破对称性的男人——南部阳一郎

南部阳一郎（见图3-14）在1921年出生于东京。他在1940年从东京帝国大学毕业，两年半后获得了学位，和几位同学一样，他也被基本粒子物理学所吸引。

美国的尼尔斯·玻尔图书馆在2004年采访了南部阳一郎。他在芝加哥的办公室里接受采访时表示：

“我们之所以对基本粒子物理学感兴趣，是因为当时非常有名的汤川秀树博士。我觉得这个领域非常有魅力，有挑战的价值。结果同学中有四五个人下定决心要进入基本粒子物理领域做研究。”

图 3-14　南部阳一郎

他在粒子物理的世界里首次引入了“对称性自发破缺”的概念，为后来的理论发展做出了巨大贡献。他还提出了作为量子色动力学前驱的“颜色 / 色（color）”的概念。

（图片来源：Betsy Devine）

但是在此后的一年里，南部被军队征召，服了兵役。之后他在短波雷达研究所工作，度过了战争时期。二战结束后，他在东京大学担任了研究工作，由于住房不足而搬到了研究所，在那里的3年间，他在自己的桌子上铺榻榻米睡觉。

1952年，南部被邀请到美国著名的普林斯顿高等研究所任职（见图3–15），两年后转到芝加哥大学（见图3–16），并于1958年在那里担任教授一职。

据说他不喜欢普林斯顿，因为在那里，无论是谁都显得比自己聪明。那里以爱因斯坦、库尔特·哥德尔、约翰·冯·诺伊曼、罗伯特·奥本海默等科学史上著名的人物而闻名。

但是转到芝加哥大学之后的南部阳一郎说“我很快就喜欢

图 3–15　**普林斯顿高等研究所**
南部阳一郎在 1952 年最初到美国时所在的一个非常有名的研究所。而对他本人来说，感觉并不舒服。

图 3-16 **芝加哥大学**
来到芝加哥大学的南部阳一郎在那里进行了终生的研究。获得诺贝尔奖的研究也是在这里进行的。

上了这里”。在2004年美国物理学协会（AIP）对他的采访中，南部说道：“我之所以喜欢这里也是因为这所大学被‘非常亲切的氛围’所包围着，对待每个人都像家庭一员一样。”

就这样，他在芝加哥大学得到了一个良好的环境。在这里他能够很好地研究对称性破缺等基本粒子物理学理论。

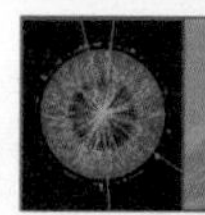

南部阳一郎从超导理论中得到的启示

后来对称性破缺理论被称为“希格斯机制”理论，南部阳一郎对它的贡献是受超导现象的启发。超导现象于1911年被发现，是指某种类型的导体在低于临界温度时会变成超导体的现象，在这种条件下，超导体将完全失去其电阻（见图3-17、图3-18）。

1957年美国的三位物理学家根据这种现象产生的机制提出BCS理论（超导的微观理论）。他们是约翰·巴丁、利昂·库

图 3-17　**超导现象**
当磁铁放在超导体上方时，由于迈斯纳效应消除了外部磁场并使内部磁场归零，使得磁铁悬浮在空中。
（图片来源：Mai-Linh Doan）

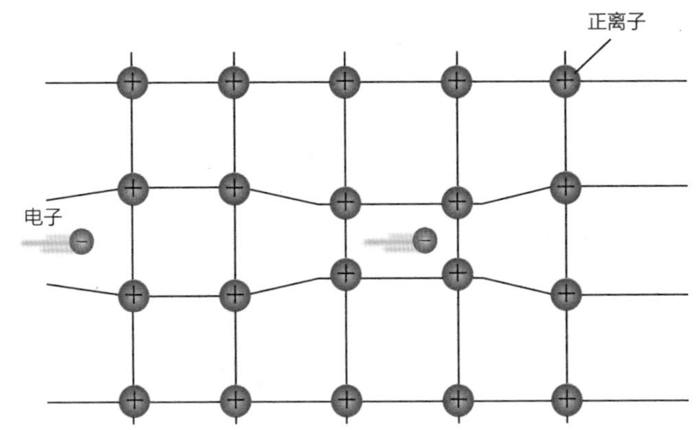

图 3-18　**库珀对**
超导物质在超低温时，其内部移动的电子会吸引附近的正离子，使得后续的电子更容易通过。
（图片来源：ABC Science）

珀，以及罗伯特·施里弗（见图3-19）。

BCS理论是指，在超导状态下电子之间形成一对库珀对并相互凝聚在一起，变成像基本粒子间传播力的粒子（玻色子）一样的状态。其结果是，导体看起来像是失去了内部的格子结构，变成超流体的状态。

南部阳一郎在2008年12月8日获得诺贝尔物理学奖的主题演讲为“基本粒子物理中的对称性自发破缺”。但南部因为身体问题未能前去斯德哥尔摩领奖，他的演讲原稿是由南部研究团队成员意大利物理学家乔瓦尼·拉西尼奥代替朗读的。

图 3-19　提出 BCS 理论（超导的微观理论）的三人
（左起）巴丁、库珀、施里弗三人因阐明了超导原理的机制，获得了 1972 年诺贝尔物理学奖。这个理论取三人的首字母而被称为“BCS 理论”。　（图片来源：APS）

据说，他一看到这个理论就感到困惑：“BCS论文公开前的某一天，当时还是学生的罗伯特·施里弗来到芝加哥大学，就研究中的BCS理论举行了研讨会……他们所使用的波动函数中，没有保存电子数（1个原子或离子所带的电子数），这让我很困惑。这是毫无意义的。”

超流体没有保存电子等基本粒子数，这是违反了自然界的基本对称性原则的——南部为寻找这个“困惑”的答案花费了两年的时间。1960年，他进行了以下回答：

“它本质上是表示没有质量的集体模式㊀的状态，现在以‘南部–戈德斯通玻色子’的名字而被人所熟知。”

当时，CERN的博士后杰弗里·戈德斯通发表了将南部的这一想法简单化的论文。因为南部的想法对于没有受过数学训练的人来说是很难理解的。

为了想象电子的库珀对如何凝聚成一个玻色子，我们通过插图来理解可能更好。

例如，在一只狗的面前放着的两个餐盘，它们都有同样能引起食欲的狗粮（见图3–20）。两个餐盘完全相同，也就是说具有对称性。然而，如果狗任意地朝向其中之一的话，两个餐盘的对称性就会被打破。

不能接受对称性完全消失的南部，发现那只狗没有下定决心，在一个餐盘和另一个餐盘之间来回走动（振动）。要是从量

㊀ 集体模式（Collective Mode）
当形成某一系统的大部分粒子处于低能量激发态时，它们的整体进行类似一种粒子（准粒子）的聚合运动。这被称为集体模式。

图 3-20 **对称性破缺的例子**

在两个餐盘中装着有完全相同的狗粮是具有对称性的，但是当狗开始吃其中的某一份狗粮时，对称性就会被打破。（图片来源：细江道义）

子力学角度来考虑的话，它的这种振动表现被称为新粒子（玻色子）的出现。

南部阳一郎的诺贝尔奖

但是，这个振动产生的南部–戈德斯通玻色子没有质量。南部阳一郎在1960年提交的论文中，展示了原本没有质量的粒子如何与超导体内部的电磁场相互作用而变成重粒子的计算方法。

另外，南部的观点可以说是具有革命性的。如果将此观点应用于其他领域，尤其是整个宇宙，就会得出令人惊讶的结论，也就是说对称性破缺赋予没有质量的粒子以质量。宇宙作为一个对称的世界而诞生，其中所有的粒子都没有质量，然后一个新的场打破了对称性，某种粒子突然变得有了质量。

他没有出示这个假说的证据。然而，他的假说成了“认为对称性破缺是质量起源”这一观点的出发点。

此后约50年，由于“发现亚原子物理学中对称性自发破缺的机制”，南部阳一郎于2008年被授予诺贝尔物理学奖。

这里所说的对称性自发破缺是将英语中“Spontaneous Symmetry Breaking”缩略为“SSB”，指的是物理基本定律中的对称性的破缺，也就是说看起来像是破坏掉的现象（见图3-21）。

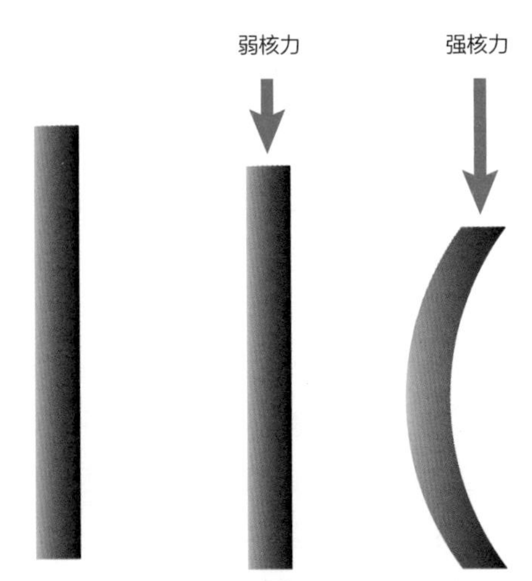

图3-21 对称性自发破缺（形象图）

在水平方向具有对称性的这根橡胶棒由于受到上方的压力终于开始弯曲。这说明橡胶棒的对称性已经被打破了。（图片来源：Nambu，Nobel lecture，2008）

我们在日常生活中也经常遇到这样的现象，虽然不使用SSB这种复杂的名字。

比如，我们可以试着把用类似橡胶一样有弹性的素材做成的、笔直的橡胶棒垂直立起来。那根橡胶棒从水平方向看总是一样的，所以是旋转对称的。但是，如果有人从旁边按那根橡胶棒的话，橡胶棒就会向某个方向弯曲，从而失去对称性。橡胶棒的材料在哪个方向都完全一样，所以向哪个方向都会弯曲。这是日常可见的对称性破缺现象之一。

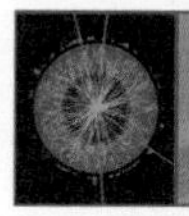

人们终于接近希格斯粒子

让我们再次回到1961年的春天，英国的理论物理学家彼得·希格斯在阅读刚刚收到的科学杂志时，将目光停留在南部的一篇文章上。希格斯在2004年接受科学杂志《物理世界》采访时回忆起那篇文章的题目是《在玻色子背后的男人》。其中有这样的一段话：

“（在那篇文章里）对称性自发破缺的想法第一次被记述为粒子获得质量的方法。”“虽然在这篇文章中我的名字多次出现，但第一个说明费米子究竟是如何拥有质量的人是南部。”

1929年出生的希格斯在遇到“没有质量的粒子”这个想法的前一年成了爱丁堡大学的教授。当时，受到“没有质量的粒子”刺激的不只是他，对于这个问题有3组6名理论物理学家几乎同时在各自进行着研究。

他们中最先发表论文的是布鲁塞尔自由大学的两位比利时理论物理学家。他们是1932年出生的弗朗索瓦·恩格勒（见图3-22）和1928年出生的罗伯特·布绕特（见图3-23）。

他们的论文于1964年8月发表，两个月后，希格斯的论文也发表了。

同年11月，由3名学者组成的团队发表了围绕这个问题的第三篇论文。他们分别是1936年出生于美国的杰拉德·古拉尼和1937年出生的卡尔·哈庚，以及1932年在英国出生的汤姆·基博尔。

罗伯特·布绕特在2011年去世，其他5人在2012年末仍健在。2012年7月4日，他们被邀请到“可能发现希格斯粒子”的新

图3-22 **弗朗索瓦·恩格勒**

图3-23 **罗伯特·布绕特**

在“没有质量的粒子”这一观点的刺激下，最初发表论文的恩格勒（左）和布绕特。虽然从希格斯粒子这个名字中漏掉了，但他们是研究这个粒子的前沿理论物理学家。

（图片来源：Pnicolet）

闻发布会现场。然后有几个人接受了CERN报道部的采访。

此时恩格勒对他们在1964年发表的论文做出了如下评论：

“我们尝试使用量子力学来公式化那个理论，我们是最早这样做的。然后希格斯教授依据经典力学做了相同的研究，这些研究都是高度互补的。之所以这样说是因为通过比较两者，我们真正了解了该理论重整化[㊀]的可能性。”

恩格勒被要求进一步解释。他说道：“这非常难以理解，在这里是无法解释的。”但他还是补充道：“他们的理论准确地预言了从前完全不可能的实验结果。”

之后，从美国远道而来的杰拉德·古拉尼做了如下说明：

“我们追求的是南部最初带来的对称性破缺的想法……问题是如何将对称性破缺与电磁场一样的模型相匹配……如果根据对称性破缺对那个模型来求解的话，答案就会变成没有质量的粒子。因此我们展示的是一个看起来像是与标量场相结合的电动力学的模型。那个模型带来了完全不同的解。”

“令人惊讶的是，在通常的理论中无质量的粒子是光子，但这种粒子获得了质量之后，现在被称为希格斯粒子而被我们所熟知。”

㊀ 重整化

20 世纪 40 年代，物理学界对量子场论进行了研究，但是当该理论用于计算电子电荷等物理量时，其值变得无限大。因此朝永振一郎，理查德 · 费曼等人设计了一种“重整化”的方法。在该方法中，无穷变量中仅保留了必需变量，其余变量则被删除。此时，可以将微变量重新归一化为宏变量的情况称为“重整化”。

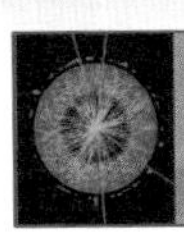

南部给希格斯的建议

1964年，希格斯把两篇非常短的论文（都由两页组成）寄给了科学论文杂志《物理快报》（*Physical Letters*）。但是第二篇论文没有被受理。希格斯后来才知道，之所以这样，是因为编辑觉得“这篇文章和物理学没有明显的关联”。

实际上第二篇论文的审阅者是南部阳一郎。他启发希格斯，应该增加该理论在物理学意义上的说明。因此，希格斯还预言到：“场的激发可能会像大海的波浪一样产生新的粒子。”

希格斯后来想道：“我想可能正是因为补充了这一个段落，我的名字才会被留在了‘希格斯粒子’这一名称中。”

希格斯就这样修改了该论文，并将它投稿给《物理评论快报》（*Physical Review Letters*）。这篇论文最终被刊登在该杂志上。

这篇论文是在8月31日到达了上述杂志的编辑部。而恰巧同一天，在《物理评论快报》中刊发了恩格勒等人通过费曼图得出了同样结论的论文。

关于以古拉尼为代表的英美团队追寻希格斯粒子所经历的历程，古拉尼在2009年的另一本科学杂志上这样回想道：

“（古拉尼等的）论文原稿已完成，如前文所述我们将论文放入信封正打算寄给《物理评论快报》的这个时候，基博尔收到了来自希格斯的两篇论文，以及恩格勒和布绕特的论文。看到这些让三个人大吃一惊——没有想到会有致力于同一问题上的竞争者。”

他们匆匆地浏览了彼得·希格斯的两篇论文，终于安心了起来。那是因为这些内容“对（他们的）研究内容并没有构成重大的挑战”。但是他们在自己论文的参考文献中添加了这两篇论文。

回想起当时的情景，古拉尼很后悔当初没有像下面这样来修改论文：“在这篇论文完成之后，EB（恩格勒和布绕特）和H（希格斯）的相关研究引起了我们的注意。”

在科学论文的世界里，优先度非常重要，这对获得诺贝尔奖有很大的影响。因为缺少了这句话，在评选诺贝尔奖获奖者时可能起到了关键的作用。

海森堡舍弃的论文

当初，物理学家们几乎无视这3个小组的论文。和他们在同年提出基本粒子夸克模型的默里·盖尔曼和乔治·茨威格也有类似的境遇。

1966年，彼得·希格斯被邀请到普林斯顿高等研究所，获得了谈论夸克模型的机会。他也同样被邀请到哈佛大学物理系。两次演讲，听众的兴趣都很高。

但是古拉尼的进展并不是那么顺利。他虽然在德国慕尼黑附近举行的研讨会上介绍了自己的研究内容，但是听说这件事的知名物理学家维尔纳·海森堡无情地说：“他们的讨论是错误的。”

古拉尼回忆起当时的情景说道：“对于想要得到工作的年轻物理学家来说，被海森堡教授拒绝真是恐怖的瞬间啊。”

1967年史蒂文·温伯格和阿卜杜勒·萨拉姆提出了将电磁力和弱核力统一的理论。他们将两个单独的力（在科学研究的世界里经常用“独立的”来表现）统一为电弱统一理论。此后，之前所发生的困难发生了很大变化。

尽管如此，他们都面临着了同样的问题。那就是在理论当中，基本粒子不存在质量，尽管现实中的基本粒子是有质量的。他们需要某种能够打破“电弱对称性”并赋予基本粒子质量的东西。他们所需要的就是被命名为“希格斯场”的标量场。

温伯格在2012年接受《纽约时报》的采访时是这样来回答的：

“萨拉姆和我认为，产生质量的是填满整个空间的标量场。标量场就像磁铁所具有的磁场一样。铁原子所记述的方程式不区分空间方向的不同，尽管如此，铁原子产生的磁场可以标记出方向。”

“在标准模型中引起对称性破缺的场在空间内没有方向，但可以区别弱核力和电磁力，从而给基本粒子以质量。正如铁冷却凝固时产生磁场一样，宇宙诞生时迅速膨胀又冷却，这些标量场就出现了。”

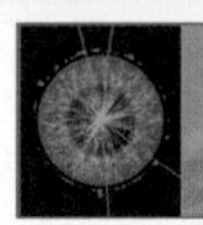

诺贝尔奖委员会的艰难选择

温伯格等人的电弱统一理论进行了各种各样的预言，这些预言具有可探索性，可以通过实验物理学家的实验来探索。具体来说，有两种新粒子即W玻色子（W粒子）和Z玻色子（Z粒子），还有一种叫作中性流的奇妙现象。

这些预言的粒子和中性流是在1983年CERN的实验中检测到的。这一结果不仅确认了电弱统一理论的正确性，同时也让给粒子赋予质量的是标量场这一观点一下子变得真实起来。

在温伯格和萨拉姆之前，人们认为希格斯机制只是一个漂亮的想法。但从那时起，这个观点成了想要理解物质本质的物理学家的中心话题。

并且，在这之前推动希格斯粒子这一概念发展的诸位物理学家们，从汤川秀树到南部阳一郎，再到之后的温伯格和萨拉姆全部获得了诺贝尔物理学奖。对这次“冒险旅行”做出贡献的其他几位物理学家也是如此。

可能发现希格斯机制这件事本身就是值得拿到这份最高荣誉的成就，但是究竟应该将这份荣誉赋予谁呢？

正如我们已经看到的，对这个理论做出贡献的是六位理论物理学家。诺贝尔委员会从未以同样的方式同时向3人以上颁发过诺贝尔奖，但他们六个人对这个理论都做出了同等的贡献。

只是近年来，人们对古拉尼、哈庚、基博尔3人团队贡献的关注越来越少了。

古拉尼在2009年这样写道：

“当初，人们对于我们和EB&H论文表现出了平等的认识，看起来没有任何问题。但是从1999年左右开始发生了变化。在重要的讨论和论文中，我们的论文被人从参考文献中剔除，甚至以前提到我们研究的论文执笔者也这样做了。”

但是2010年，美国物理学会向3个小组的全体人员颁发了“J. J.樱井奖”（见图3–24），该奖项是以基本粒子物理重要理论业绩为对象的荣誉。他们获奖的理由是“解释了四维相对论规范场论中的对称性自发破缺和矢量玻色子质量一致产生的机制”。

图 3–24　**J. J. 樱井奖（全称：“J. J. 樱井理论粒子物理学奖”）**
2010 年获得 J. J. 樱井理论粒子物理学奖的 5 人。从左起是基博尔、古拉尼、哈庚、恩格勒、布绕特（彼得·希格斯没有参加拍照）。樱井奖由樱井纯的家属出资设立，以纪念这位粒子物理学家。该奖项由美国物理学会评选，颁发给理论基本粒子物理学的贡献者。

这个获奖理由可能对一般人来说完全不清楚是什么，但是对于追求探究终极物质世界的物理学家来说，这是常识性的说明。

抛开获奖理由不谈，2010年的这一奖项承认了6位理论家对希格斯机制的同等贡献。这样一来，即使诺贝尔委员会决定给其中的哪位颁发诺贝尔奖，我们也可以想象其选择是极其不容易的。

第 4 章

参观世界上最大的加速器 LHC

发现希格斯粒子的工具是世界上最大、最强的“大型强子对撞机（LHC）”。那么 LHC 究竟是什么样的机器呢？

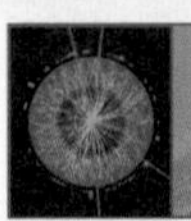

日本也出资 50 亿日元

1994年12月，由来自12个欧洲国家的政府代表组成的CERN运营委员会最终批准建造一个质子–质子对撞型加速器。该加速器将实现14 TeV的能量。

但是，与此相关的财政计划也伴随着危险。以德国和英国为中心的参与国并未考虑承担该加速器的建造费用。然而CERN的运营者们为了筹集制造最大能量的机器所必要的资金，他们申请了两年的延期。

因此，大型强子对撞机项目负责人林恩·埃文斯（见图4–1）飞赴世界各地收集捐款，他被称为是“完成大型强子对撞机建设的人”。他的第一个目的地是日本。埃文斯回想起在日本访问时的情景说：“我们早早地就到了，到达后我们一头雾水。总之，仅仅一上午我们就去了大约10个不同的地方，我不停地喝着绿茶。”

他们的努力得到了回报，1995年6月，日本政府答应为该项目出资50亿日元。

之后，他们又与俄罗斯联邦签署了复杂的协定。俄罗斯政府和CERN将共同支付加速器建设所需零件费的1/3。

就这样，到1996年为止，CERN从日本、印度、加拿大和俄罗斯获得了资金支持。而后，美国政府决定出资5亿3100万美元，如果换算成当时的日币，相当于约570亿日元。

然而另一方面，在约定日期期限到来之前，英国和德国宣布他们将不会履行在1994年做出的承诺。但是，管理委员会决定对于CERN建造成本不足部分的资金可以从欧洲投资银行以贷款的形式借入。

就这样经过多番努力，LHC终于在1996年开始动工。在2000年，将先前使用的加速器LEP解体并从隧道中拆除，为后续更大的加速器提供了空间。

图 4-1 “完成大型强子对撞机（LHC）建设的人”
领导完成建设大型强子对撞机的林恩 · 埃文斯。他在 2012 年 6 月被选为下一代大型直线加速器（电子 – 正电子对撞型）推进计划的负责人。

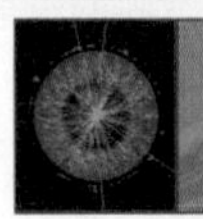

避免“极其困难的工作”

LHC与之前的LEP以及美国费米实验室的“粒子-反粒子”对撞机有所不同，它选择了质子-质子对撞。CERN的理论物理学家解释说，选择它最大的原因是因为制造反质子是一项极其艰巨的工作。

此外，LHC将会比Tevatron需要更高数量的反质子。对希格斯粒子的探索中所需要的是很高密度的射束，物理学家称之为光度很高的射束，这几乎是反质子所不可能实现的。

因此，在LHC中，物理学家们决定使用两个质子束，并在加速器中以相反的方向加速它们。但是，这种方法对于像粒子-反粒子对撞机这样使用一个磁场的加速器是不可能的，并且它需要两个磁场才能在加速器中以相反的方向传播两束质子束。

此外，所需磁场的强度也是一个问题。加速器能量的强度取决于加速环的直径和磁场强度。由于要挪用之前LEP的隧道，加速环直径就变成了一个制约条件。因此需要设计人员在该范围内制造出最强的磁场。

LHC需要具有10特斯拉（Tesla）磁感应强度。换句话说，它是美国曾经计划的周长87千米的SSC磁场强度的1.6倍。为了实现这一目标，其技术水平要远远超过当时正在运行的费米实验室的Tevatron和德国电子加速器研究所（DESY）的强子电子环加速器（HERA）所采用的超导技术。

当初预计在2005年完成LHC的建设，但是由于诸如建设费用过高、CERN预算削减、技术难题和零件缺陷之类的问题接连发生，竣工时间被推迟了3年。

2008年9月10日，第一批质子束开始在加速环中运转。一家报纸曾将这台历史上最大的加速器称为“大爆炸机器”。

图 4-2　**强子电子环加速器（HERA）**
位于德国汉堡的强子电子环加速器成为世界上首次成功让质子电子碰撞的加速器。于 2007 年关闭。　（图片来源：Jason Schwartz）

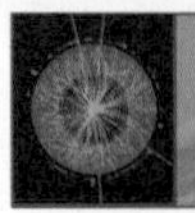

黑洞将会吞噬世界？

但是在几个月之前，就有“事件”发生了。一部分科学家有着奇怪的想法，他们为了阻止这个巨大加速器的运行，甚至使用了法律手段。

他们所主张的想法类似于在这个加速器中有制造出黑洞的可能性，如果一旦产生了黑洞，它是否会从内侧开始吞噬地球（见图4–3）？

图 4–3
LHC 会制造出黑洞并将地球吞噬吗？（图片来源：矢泽科学事务所）

德国的奥托·罗斯勒教授在他的青年时代取得了重要成就。他担心LHC的质子碰撞实验可能会在地球内部制造出黑洞。

然后他还警告说，大约4年后地球可能会开始发生异变，地球会频发大地震和大海啸，气候骤变，地球的生物会灭绝。虽然教授气喘吁吁地向欧洲人权法院提起诉讼，让LHC停止运行，但是法院没有受理诉讼。

美国的沃尔特·瓦格纳博士也警告说，这种加速器可能引发核聚变，将地球变成超新星。结果，这样的诉讼和警告并没有被认真讨论。

刚开始运转就出现故障

然而，LHC仅在运行开始的9天之后就发生了严重的事故。为替代电线而使用的棒状导体喷火并燃烧，这可能是由于与电线相连接的钎焊不完善。这损坏了液化氦冷却系统，超过50个超导磁铁失去了超导性并被破坏。

CERN又花了一年时间更换所有磁铁并安装了可以防止类似事故的安全装置。然后在2009年11月，LHC终于恢复运转了。

LHC被安装在地下100米、长27千米的隧道中（见图4-4、图4-5），两个质子束在两个纤细的钢制加速管中循环运转。一束是顺时针方向旋转，另一束是逆时针方向旋转。

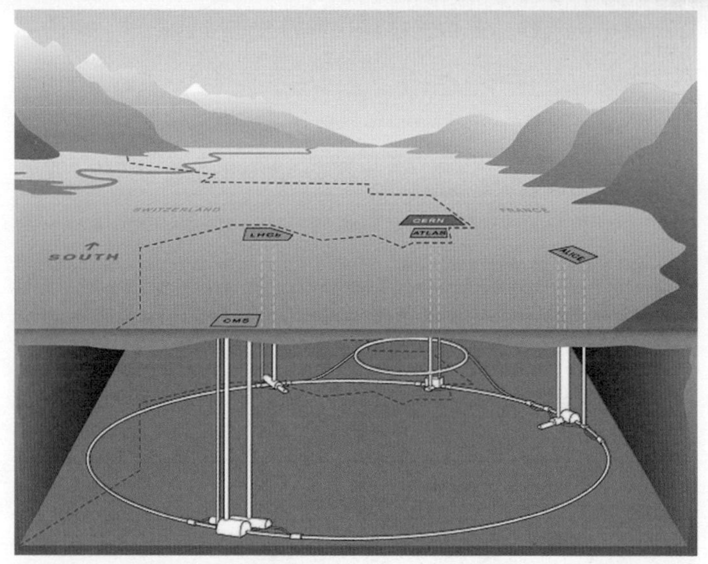

图 4-4　**LHC 的全景（地下）形象图**

LHC 被建在地下 100 米深的隧道里。

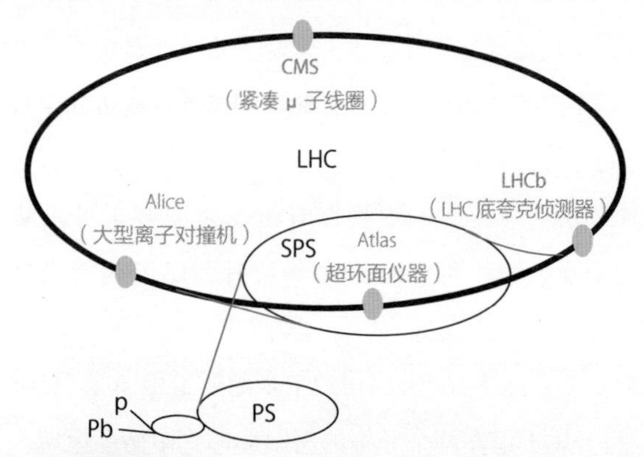

图 4-5　**LHC 的配置**

LHC 具有四个碰撞点（检测器）：CMS（紧凑 μ 子线圈）、Atlas（超环面仪器）、LHCb（LHC 底夸克侦测器）和 Alice（大型离子对撞机）。

质子形成的粒子团被称为质子团，一个质子团包含1000亿个质子。由于粒子束的运行速度接近光速（30万千米每秒），因此每秒钟它们可以在这个全长27千米的隧道中运转1万圈。

质子束所通过的加速管的直径只有几厘米，内部保持极高的真空度（见图4–6）。当失去真空时，在内部空间传播的气体

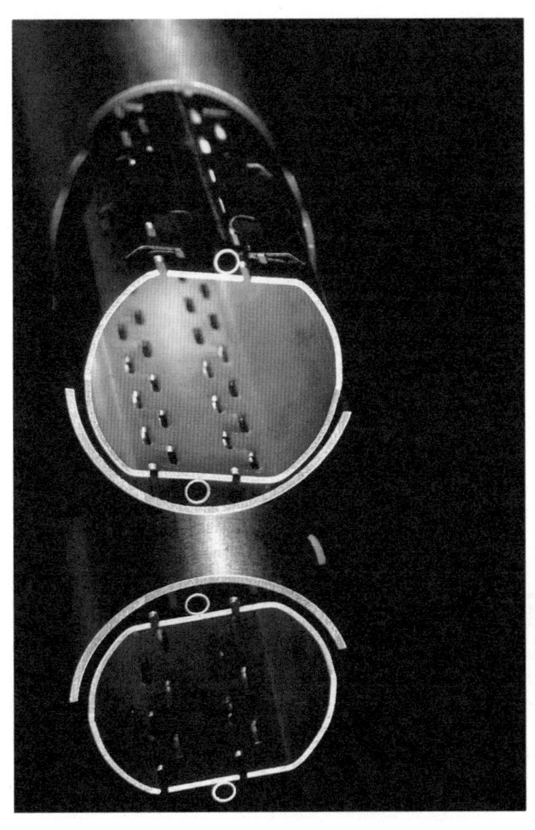

图 4–6　**加速管**
LHC 的 2 个加速管的截面图，他们的直径只有几厘米。质子束在加速管内以亚光速按照相反的方向通过。

分子会扰乱质子束的顺序。

LHC使用1232个超导磁铁来精确地引导质子束的方向，可以准确地确保质子束在弯曲的加速管中的通过路径，持续性地挤压使其不断变细，并利用液氦来降温，保持这些超导磁体的温度在1.9K（–271摄氏度）。

另外，大约400个四极聚焦磁铁用于精确地聚焦质子束。这样共有数千个磁铁用于精细调整质子束的运行轨道。

将质子束的光度提高到极强这一课题也是非常大的挑战。当光度达到最大时，两个质子束所具有的能量可与运行中的高速列车的能量相媲美。这是至今为止的加速器获得的最大能量的200倍。倘若质子束失去了控制，在最坏的情况下，它可能会破坏这个价值40亿欧元（相当于4000亿日元）的设备。

因此，有许多监视系统在不断地检查质子束及其轨道的状况。例如，沿着加速环布置了4000个设备，他们可以测量质子束的损失情况。当损失率超过一定比例时，安全装置会将质子束引导出加速管，并撞击巨大的缓冲装置以安全地吸收能量。

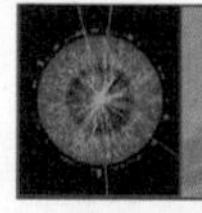

1 年消耗 1 粒米重的氢

在CERN中，为了让LHC等各种各样的实验装置运转，他们会生产质子。用量大概是多少？如果按照制作的氢来计算的话，答案是3.3毫克，这个量和1粒米的质量差不多（见图4–7）。

然而，这些极小重量的物质产生了令人眼花缭乱的大量“事件”，也就是质子间碰撞所引起的一切衰变现象。

另一方面，质子束的制作方法和这个完全不同，使用了很多与多段式火箭发射相似的方法。制作质子束有好几个阶段，每前进一个阶段，它的规模就会变大。

在第1阶段，将微量的氢送入直线加速器（Linac2），在那里氢失去电子；变成了“赤裸”状态的质子通过直线加速器（Linac2）加速到光速的1/3，即10万千米/秒的速度。之后进入第2阶段的助推器。

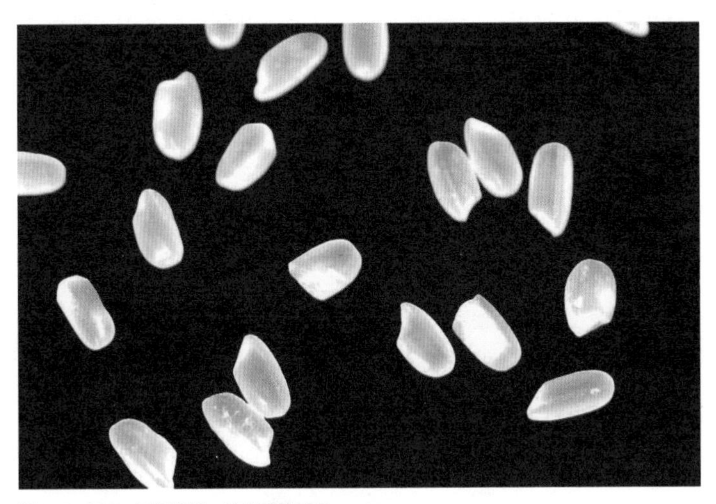

图 4–7　**CERN 每年消耗 1 粒米重的质子**
即使收集了能够引起几万亿次碰撞的大量质子，它们的重量也只有 1 个米粒那么重。

第2阶段的助推器是周长为157米的环形加速器。它将从Linac2送来的质子加速到光速的91.6%（记为0.916c）。然后送去第3阶段的加速器——质子同步加速器（PS）。

质子同步加速器是1959年制造的加速器，相当于LHC的“曾祖父”，有助推器的4倍大。这个加速器进一步将质子加速到光速的99.9%（0.999c）。

到了这个速度，质子就会到达一个转变点。也就是说，脉冲电场所产生的能量已经不能再加速质子了，如果再增加能量，会使质子“变胖”，变得更重。

这里质子所具有的能量是25 GeV，其质量是静止质量的25倍。

在第4阶段，质子束团进入周长7千米的超级质子同步加速器SPS中。在这里，一个质子的能量会上升到450 GeV。到此为止，质子已准备好进入最后阶段的LHC。

在LHC入口处两个真空加速管正在待机。两个质子束团以相反方向进入加速器内部。然后，一种名为“踢轨系统”的高科技设备将从SPS发送来的质子束团与已经在LHC加速管中循环的质子束团进行同步。

沿着相反方向旋转的两个质子束团在加速管中间的四个点相交，始终为正面碰撞做好准备。这四个点将被作为碰撞位置进行实验观察。

SPS持续注入质子的时间约30分钟。最终，2808个质子束团在LHC的真空管轨道上循环，在这期间LHC也持续给质子能量。

由此，每个质子获得7TeV，是静止时质量的7000倍。质子束碰撞的准备已经做好了。

然后，用来控制质子束团方向的轨道控制磁铁将会启动，将两个质子束团导入碰撞轨道上。当来自相反方向的质子束团正面碰撞时，它们的总能量可以达到14TeV，再现了宇宙大爆炸诞生后的相同场景。

质子束团每秒碰撞次数可达数亿次。但是这些碰撞当中只有很小的一部分，大约数十次才有可能“诞生希格斯粒子”，也就是具有产生“希格斯粒子”的条件。

此时，从数量极其庞大的碰撞数中分辨出极为罕见的事件的正是ATLAS（超环面仪器）和CMS（紧凑μ子线圈）两个检测装置。与此相比较，寻找隐藏在干草堆里面的针会都会显得简单。

寻找的粒子越小，找到它的“照相机”就越大。因此，两个检测装置也是在科学实验的历史上最大规模的仪器。

日本研究团队也参加了实验

ATLAS和CMS都是类似于粒子照相机的检测设备，其高度大约有六层楼高，它们记录了发生在其中心位置的质子间碰撞所产生的各种粒子的能量和飞行轨迹。两种检测器具有相同的特性，也就是说，它们均由能够记录碰撞中所产生的所有类型粒子的高通用性的测量仪器构成（见图4-8、图4-9）。但有一个例外，那就是对中微子的检测。ATLAS和CMS的中心部位的碰撞点是完全密闭的，因此基本粒子不会从那里逃到外部。

检测器之所以如此巨大是因为高能量粒子碰撞及衰变所产生的新粒子会高速飞散。如果检测器较小，那么衰变就会在检测器范围外发生，新粒子无法被捕捉到。

以ATLAS为例，它的质量约7000吨，全长46米，直径25米。与此相比，CMS会小得多。CMS的名称是取了“Compact

图 4–8　CMS 检测器的横截面

CMS 是一款多功能检测器，其总质量为 12500 吨。它被设置在 ATLAS 对面的地下（法国一侧）。

（紧凑）Muon（μ子）Solenoid（线圈）”首字母。ATLAS和CMS都配备有大型超导磁铁，以用于将弯曲的加速管中超高速飞来的粒子轨道控制成直线状。这样复杂而巨大的检测器需要大量的布线。CMS的一位物理学家说：“这个检测器所使用的电线的量相当于一万人口的城镇所使用的全部电线。”整个LHC所需的电力相当于比这个大得多的城镇所消耗的电力。仅加速环就有12万千瓦，检测器有5万千瓦。

因此，LHC为了降低运转成本，在冬季会暂停部分运转。即便如此，其每年的电力消耗也有70万~80万千瓦，这是足以维持数十万家庭的电力。

另外该项目的人工费十分高昂——为了进行实验并分析结

图 4–9　**ATLAS 检测器**

ATLAS 在希格斯粒子的发现中与 CMS 共同发挥了最大作用。

果，需要非常大量的人员。ATLAS和CMS由国际合作的形式来维持管理，有来自多个国家的数百个研究机构的7000多名人员参与其中。

这些人大部分不是在当地工作，而是在本国的研究所工作，有时还会访问CERN。加入ATLAS的日本研究人员约有110人，他们来自KEK（高能加速器研究机构，位于茨城县筑波市）等16个日本国立研究机构。

由于LHC产生的数据过于庞大，人类直接参与分析是完全不可能的，因此实验数据全部由计算机分析。

第 5 章

超越希格斯粒子

即使希格斯粒子被发现，大自然也不会向我们展示其真实面目。如果一个谜团得以解决，一个更大的谜团就会出现并等待被解决。人类将会如何挑战宇宙和无限深奥的自然呢？

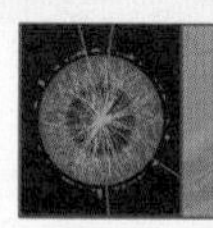

还不到预想数据的 2%

迄今为止，在LHC制造的数万亿次对撞出现的粒子中，被认为是希格斯粒子候选的只有几十个。这个少量的数据不能表明这个粒子的真正性质。那么，今后研究的方向该如何是好?

LHC目前每束质子的能量为4TeV。比2010—2011年的能量高出0.5TeV。截至2012年末，ATLAS和CMS所收集的数据量达到了2012年中期大规模发表数据的2倍。

此后，LHC停止运行了20个月。这是为了实现设计上的最大能量7TeV。在这一期间，研究人员将集中精力分析之前收集的庞大数据。

截至2012年底，大部分数据已经被保存以备后期使用（见图5-1）。而在2013年，参与这项实验的物理学家获得一条线索，去了解他们所处理的数据的含义。总之无论如何，详细的分析将花费数年时间，并且需要更多的数据。

物理学家必须调查从基本粒子的标准模型中推测的希格斯粒子的全部候选者（见图5-2）。他们可以从质子间碰撞所产生的4种主要衰变通道（channel）以及其他候选通道，总共15条通道来甄别希格斯粒子的候选者。只有详细测定它们，我们才能确定哪些是真正的希格斯粒子。

理论严格预测希格斯粒子会与其他粒子相互作用。只有慎重地检查了这些相互作用并对其进行测试，才可以发表：“发现

图 5–1　**巨大的计算机**

CERN 的计算机中心储存着庞大的实验数据。数据的最终保存方式是使用磁带存储。乍一听似乎这样的方式不太合适，好像有点过时，但与其他数据保存方法相比较，它不但成本低，而且能保存更长的时间（30 年）。

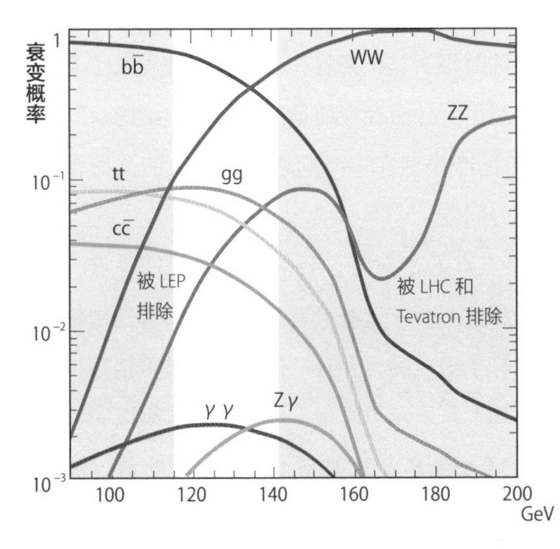

图 5–2　**希格斯粒子存在的“证据”**

横轴表示碰撞能量的大小，纵轴表示由于衰变而出现的成对的粒子。

左边区域所表示的是之前的已被 LEP 排除的能量（质量）区间，而右边区域也已在 LHC 和 Tevatron 的实验中被排除了是希格斯粒子的可能性。因此在 115~142GeV 才是希格斯粒子的质量。（图片来源：CERN）

了标准模型预测的希格斯粒子。” 仅仅是找到了填补标准模型差距的物质，是无法满足理论物理学家的。

恐怖的“宇宙暗黑面”

前面提到的物理学家史蒂文·温伯格在2012年7月的科学杂志《科学》上说过这样的话：

“如果LHC只能发现希格斯粒子的话，这对我来说将是一场噩梦，我想不单单是对我，对许多粒子物理学家来讲都是一场噩梦。那就像把眼前的门啪的一声关上一样。”

但是温伯格似乎可以放松一下。因为大多数理论物理学家确信存在超越标准模型的物理学。

“没有人认为希格斯粒子是支撑标准模型的最终答案。”丽莎·兰道尔对《纽约时报》这样回答，“因为即使发现了希格斯粒子，我们也仍然对于为什么存在质量的问题抱有疑虑。”

事实上，公认的标准模型在一些问题上有很大的漏洞，只说明了宇宙的一小部分问题。

当我们仰望繁星点点的夜空时，我们可以看到这一点，行星、月亮和星系遍布那里。所有这些具有质量的物体都是由标准模型中常见的夸克和轻子组成的，并且一般认为通过希格斯机制对这些夸克和轻子等基本粒子赋予质量，标准模型才得以完成。

但是不幸的是，希格斯机制仅对基本粒子赋予质量。那么如此一来，质子和中子等复合粒子又是怎样的呢？它们构成了我们肉眼可见的大部分宇宙呢。

这些复合粒子中包含夸克。然而，就像提子面包的质量要比其中所有提子的质量都大一样，质子和中子的质量要比构成它们的夸克还要大。强核力将这些夸克结合在一起，它们在赋予这些夸克更大的质量上发挥着作用。在这里，胶子起到了在夸克之间交换强核力的作用。但是在标准模型中，胶子和传递电磁力的光子一样是应该没有质量的。

像这样，长期固定的标准模型理论仍然存在问题和矛盾。它漏掉了质量。

宇宙动力学显示，宇宙中存在比标准模型所预言的更多的质量。从理论上预测的银河的运动和实际的银河的动态有很大的距离。

实际上，从标准模型导出的宇宙总质量仅为能够观测到的宇宙质量的4%~5%，剩下的约95%是哪里都看不见的。对于标准模型来说，那真的是“宇宙的暗黑面”。

理论物理学家和天文学家都不知道这个看不见的质量到底是什么。尽管如此，他们还是给它们按照字面原意起了个名字——“暗物质”（Dark Matter）和“暗能量”（Dark Energy）。

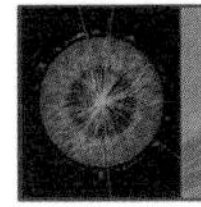

暗物质和暗能量

假设暗物质约占宇宙总质量的1/4（见图5-3、图5-4）。天文学家无法观察到它，因为它本身既不吸收也不发射光或其他电

图 5-3 **暗物质在哪里?**

磁波，因此任何望远镜都看不到它。

但是它确实产生了引力。没有暗物质的引力，星系之间将彼此远离。物理学家推测，暗物质可能是由先前未发现的亚原子粒子组成的物质。

另一方面，暗能量更为神秘。它是假想散布在整个空间的虚拟能量，被认为是加速宇宙膨胀的斥力。人们还认为，这种暗

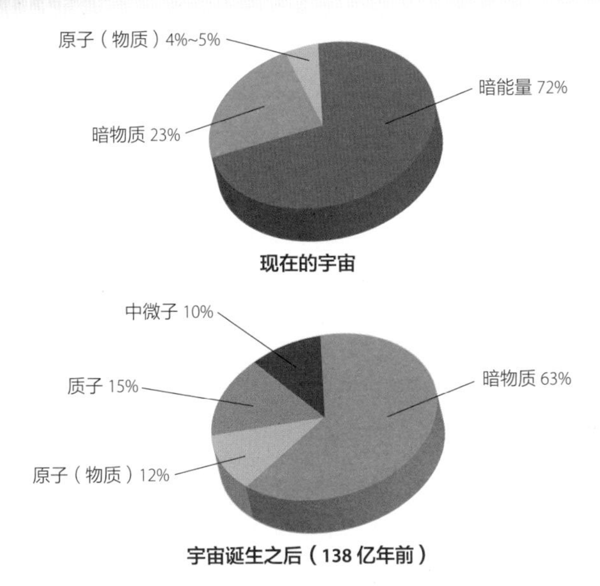

图 5-4　**暗物质和暗能量**

即使发现了希格斯粒子，它所获得的质量也只有宇宙总质量的 5%。那么其他的质量呢？

（图片来源：NASA/WMAPScience Team）

能量是自20世纪90年代以来，在太空中观察到的加速宇宙膨胀的原因。

那么，物理学家应该如何解释暗物质呢？到目前为止，根据未来10年LHC的实验结果，这个问题应该会有以下两种回答：

第一种回答——根据今后对希格斯粒子进行精密测量的结果，其特性与标准模型的预言完全一致，标准模型被认为已经完成。这对于标准模型来说是一个好的结局，但是宇宙的大部分质量仍未被阐明。

英国数学家、基本粒子物理学家斯蒂芬·沃尔夫勒姆在报道希格斯粒子被发现后的第二天，对这一场景做了如下说明：

“如果标准模型正确，那么这次希格斯粒子的发现将是我们这个时代中粒子加速器的最后一个重大发现。这样的话当然令人惊讶。但是，这有多少可能性呢？如果是这样的话，那就完全不确定了。”

沃尔夫勒姆所说的“惊讶”是什么意思呢？不用说，超出标准模型范围一定隐藏着一些什么。那就是另外的问题了。

第二种回答是明确了希格斯粒子完全不同于标准模型的预言。这意味着当今粒子物理学世界中流行的理论不准确或不完全正确，理论物理学家必须创建更全面的模型来描述宇宙。

在那种情况下，可能会从希格斯粒子与标准模型的不同点得到启发去寻找新理论。

“超对称”理论

我们已经看到，始于汤川秀树的基本粒子物理学的传统方法论是反复不断追寻新理论、寻求新粒子的过程。然而理论物理学家现在所期待的是，所谓的“超对称”能够带来新的答案。

有了超对称理论，即使不进行新的工作，已知的基本粒子的种类也会成倍增加。之所以这么说，是因为如果引入超对称的概念，则标准模型所涉及的各种粒子就会各自具有“镜像粒子”。

像胶子和光子这样可以传递力的媒介粒子，它们就伴随着有质量的镜像粒子。具有超对称力的粒子通常都有镜像粒子。这个策略看似巧妙，但在基本粒子物理的世界里，类似的策略在过去也取得过成功。

例如，1928年，英国物理学家保罗·狄拉克（见图5-5）推导出了描述电子运动的方程（狄拉克方程式）。说来由于这个方程允许了带有负能量粒子的存在，狄拉克预言了电子的“反粒

图 5-5　**狄拉克夫妇的坟墓**

这是最先预言粒子中存在反粒子的保罗·狄拉克的坟墓。2002 年狄拉克的夫人玛吉特去世，与他长眠于此。

子”的存在。而实际上在多年之后，有实验证实了电子的反粒子“正电子”的存在。

时间回到现在，CERN顶尖的理论物理学家约翰·埃利斯（见图5-6）在2006年发表的一篇文章中这样写道：“超对称性恐怕是LHC实验中所有令人期待的惊喜发现中最令人期待的。”

埃利斯对于超对称理论的全新世界做了如下说明：“标准模型所预言的所有粒子，夸克、轻子、玻色子，除了自旋不同之外，可能它们都伴随着拥有相同电荷数的伙伴粒子的集团，因为这是固有的性质。自旋为1/2的夸克伴随着自旋为零的超对称伙伴粒子，它的名字就是squark（超夸克）。并且，可以传递强核力的自旋为1的胶子应该伴随着自旋为1/2的超对称伙伴粒子gluino（超胶子）。”

图5-6 **约翰·埃利斯**
他根据超对称性理论预言了夸克和胶子的“伙伴粒子”即squark（超夸克）和“gluino（超胶子）”这样有着奇妙名字的粒子存在。
（图片来源：Alban）

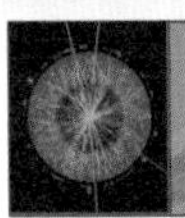

光子和超光子

在给新粒子命名时，物理学家使用简单的逻辑。例如，在有质量粒子的超对称伙伴粒子（超级伙伴）名字的词头加上“s”，quark（夸克）的超对称伙伴粒子就叫squark（超夸克）。另外，如果是力的媒介粒子，在词尾加上“ino”，“gluon（胶子）”变成“gluino（超胶子）”。

史蒂文·温伯格以前在得克萨斯大学演讲时曾说过：“（这种命名法）很荒唐。”

温伯格向当时的听众介绍了他和（夸克理论的先驱）默里·盖尔曼谈论这个问题时的小故事。

盖尔曼把这种在词语（language）的前面加上“s”命名的方式称作“slanguage”，而温伯格将词尾加上“ino”的这种方式说成是“langino”来嘲讽这种命名方式。顺便说一下，据说盖尔曼能理解30国语言。实际上本书的作者在过去采访他的时候，他还拿出日式的名片，把里面印刷的文字一个字一个字地说明其意义。

在建立于超对称性之上的基本粒子模型中，最轻的超对称粒子总是起着非常重要的作用。因为那些粒子是稳定的，所以不容易衰变。因此，可能在宇宙大爆炸时产生的相同数量的粒子及其超对称粒子，它们中的大多数也存在于现在的宇宙中，并在宇宙空间中飘浮。这种所谓最轻的粒子，可能就是指光子的伙伴“超光子”。

这让人想起1930年沃尔夫冈·泡利所预言的中微子。中微子在本书中曾多次被提到，它是中性粒子，由于质量非常小，所以与物质几乎没有相互作用。这个粒子是宇宙中存在的数量最多的粒子之一。尽管如此，由于中微子几乎不能被观测（看不到），通过实验发现中微子需要花费四个半世纪。

理论物理学家推测，也许是超光子（photino）这样的超对称粒子在扮演着与中微子类似的角色。肉眼看不到，几乎没有质量，但大量存在着的超光子与被认为制造所有可观测物质的夸克及电子形成鲜明对比。难道这就是暗物质的真面目吗?

更进一步的疑问

LHCb（见图5-7、图5-8）是CERN的巨大粒子加速器所配备的4个实验装置之一。这个装置是为了探索宇宙大爆炸之后，物质和反物质是如何产生的而建造的。

在这个实验中，大约有700名科学家加入。他们共同研究包括底夸克（b夸克）和反底夸克（反b夸克）在内统称为“B meson”的B介子的衰变方式。

B介子会衰变成粒子及其反粒子，但有一个重要的区别，那就是普通的粒子（正粒子）比反粒子产生得多。如果粒子和反粒子的数量是对称的，按照相同数量一个一个地产生，那么，所有的物质都会湮灭而变成能量，我们所看到的这个世界，包括我们自己在内，完全不会存在。

图 5-7　**LHCb 检测器**
研究人员聚集在 LHCb 检测器的前面。他们想通过调查底夸克和反底夸克的衰变方法来确认粒子和反粒子的不对称性。

图 5-8　**LHCb 碰撞事件**
该探测器正在通过质子之间的碰撞事件，来模拟在大爆炸之后怎样产生的正物质和反物质的。

这种“对称性破缺”不仅在LHCb的实验中发生，在其他的实验中也会发生。从这些证据来看，我们不得不认为在宇宙大爆炸时就采用了相同的规则。因为如果不是这样，那么无论是物质、银河系、星星，还是生命就都不会诞生。

那么，为什么产生的物质比反物质更多呢？物质与反物质之间的非对称性，即研究人员称为“CP对称性破缺”是怎样产生的呢？顺便说一下，小林诚和益川敏英因在2008年对CP对称性破缺的起源进行理论研究，而被共同授予诺贝尔物理学奖。（见图5-9）。

LHCb研究团队正在通过详细解释分析B介子衰变，来研究

图 5-9　小林诚和益川敏英

2008 年 12 月，出席诺贝尔奖颁奖典礼的小林和益川（最右边的两人）。获奖理由是关于 CP 对称性破缺的起源的研究。

物质和反物质特性之间的差异，以试图找到该问题的答案。关于观测到的CP对称性破缺无论是与标准模型的预言一致或者发现其他起源，这一结果似乎也能得出一些答案。

对“额外维度”的期望

一些理论物理学家希望LHC实验可以带来其他全新发现，例如找到额外维度。

爱因斯坦表示，三维空间通过隐藏的对称性与时间结合在一起。另一方面，新理论提出了四维时空以外的额外维度，暗示空间的隐藏维度只有在能量非常高时才能“可视化”。

前文中所提到的约翰·埃利斯推测这个额外维度可能会以不同的形式出现，并做出如下所述。

“LHC碰撞实验可能会为标准模型中涉及的粒子产生新的伙伴粒子。在这种情况下，它是与已知粒子具有相同自旋和相互作用的粒子。某些能量也有可能以不可见的方式“泄漏”到额外的维度中，对数据进行仔细分析将发现是否存在能量泄漏。”

埃利斯和他的同事们期待着，在未来10年中LHC对高能世界的探索将带来许多发现。他们预想着超越标准模型的“新物理学”的到来，并期待“出现我们从未想到的东西，甚至能完全颠覆我们的世界观的新发现”。

专栏　希格斯粒子的作用

发现希格斯粒子这一消息对于物理学界来说是最大的喜讯。另外，这可能会改变人类对宇宙的看法，从这一点来讲，对于从不特别关心物理学的普通人来说，这会成为头条新闻。

但是，如果被问到希格斯粒子的发现对我们有什么实际意义的话，谁都无法回答。基础科学的研究经常在这样的疑问中进行着。

实际上，在欧洲的媒体上也能看到对这项研究的批判性评论。在基本粒子物理的研究上投入的数十亿欧元的税金应该用在更有益的目的上。另外，也常常出现对于能从这项研究中得到什么样的受益和经济利益这一类的疑问。

在过去也有过前例，美国的巨型加速器SSC的建设计划因受到来自当时社会和其他科学领域的批评，在建设中途被取消。

这种研究的好处很难在短期内看得到。可能要过很久才能得到好处，或者完全得不到好处也不稀奇。

另一方面，工业化社会中人们更美好的生活是由这些基础研究和从理论考察中产生的技术支撑的，这是无可否认的事实。

例如，如果没有法拉第的电磁实验和麦克斯韦的经典电磁理论，人类社会就无法使用电力。另外，如果普朗克和玻尔等众多物理学家不发展量子力学，那么当今社会就不存在电子产品、半导体和电脑。这样的事例数不胜数，无论哪一个，基础研究都是这种技术革新的源泉。

问题是，与此相同的逻辑是否也适用于超高能粒子物理。英国数学家、物理学家斯蒂芬·沃尔夫勒姆对此持怀疑态度。他是这样说的：

“未来在基本粒子物理上的发现会给人类社会带来新的发明和技术吗？虽然曾经考虑过‘夸克炸弹’之类的东西，但已经是过去的事情了。

人类确实可以利用粒子束的辐射效果。但是，我不认为未来会实现μ子计算机、反质子发动机或者中微子断层成像系统。当然，如果这样的东西真的出现了（原理上不是不可能的），也许我们可以将粒子加速器小型化。”

另一方面，斯蒂芬·霍金（见图5-10）在2012年7月的《纽约时报》上说：“对基本粒子物理的研究，除了增加人类对自然的理解这一好处以外，还会产生重要的副产品。”

“这种支出甚至使那些对学习自然法则不感兴趣的人也受益。我们对于大自然的最前沿性知识的探索从某种程度上来看犹如战争。它推动了当前技术的发展，有时会创造具有重大现实意义的新技术。”

有一些事例。例如，为了精确地使粒子束绕行，需要非常强大的超导磁铁。这种超导磁铁必须通过世界上最大的液氦装置进行冷却。

另外，要想处理从大型加速器中发生的粒子碰撞中产生的像洪水一样涌出来的数据，就需要世界最强的计算机。这在LHC中是理所当然的，在其前

图 5-10 **斯蒂芬·霍金**
霍金说，粒子物理的前沿研究在某种意义上类似于战争，具有将技术推进到极限的效果。

任的规模更小的加速器中也是如此。

为了满足这一要求，诞生了新一代计算机科学家。他们中的很多人将在那里掌握的技能发挥在开发高效率灯泡、因特网搜索引擎等行业中去。在CERN工作的基本粒子物理学家为了共享数据而在进行的研究中诞生了World Wide Web（万维网/因特网）。

最后再听听史蒂文·温伯格的意见。当《纽约时报》问他希格斯粒子是否有实际上的有好处时，他回答说："会有什么？"

他还补充说："即使发现的粒子是希格斯粒子，它也不会对疾病治疗和技术进步有所帮助。这一发现只不过是填补了对支配所有物质的自然规律的理解的不足之处，影射了初期宇宙中发生的事情而已。很多人都表示对这种科学感兴趣，把它当成我们文明的证明，这不是很好吗？"

第 6 章

基本粒子物理和宇宙论的表里一致

希格斯粒子和所有的基本粒子以及 4 种力都在宇宙诞生后的一瞬间出现了。如果不能解开基本粒子和 4 种力的谜团，那么宇宙的诞生和进化之谜也就无从知晓了。首先，了解基本粒子就是了解宇宙，反之亦然。

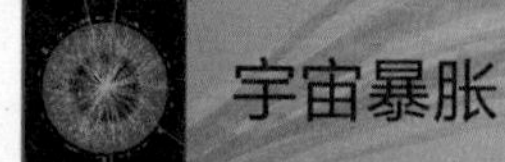

宇宙暴胀

那么，上一章所看到的围绕希格斯粒子的基本粒子物理世界与大爆炸理论有什么关系呢?

这两种理论试图解释宇宙的两张面孔。基本粒子物理是对于构成宇宙的物质的理论，宇宙论是解释宇宙诞生和进化的理论。两者可以说是构成了宇宙的“表”和“里”。

因此，这两个理论总有一天必须毫无矛盾地相互重叠在一起，那是物理学的最终“目的地”。如果无论它们发展到什么程度，两个理论都不能产生一致性，那么其中一个或者两个理论都可能会含有错误。

我们已经看到，基本粒子物理的标准模型所涉及的粒子，是在宇宙大爆炸诞生之后极短的时间内制造出来的。那么这个极短的时间是指多短的时间呢?

现在的大爆炸理论中对于极早期的宇宙暴胀理论的解释是，如果把宇宙的诞生时间设为零（$t=0$），则宇宙诞生之后的10^{-36}~10^{-34}秒之间，宇宙以极其惊人的气势、按照指数函数的速度膨胀（见图6–1）。

这个时间并不能被严格证明，说是10^{-30}秒后也没有错。因为膨胀理论并不是一个特定的理论，而是由各种变量和各种数值组成的理论的集合。今后如果能收集到更多详细的数据，说不定就能知道哪个理论是正确的，证明究竟这个理论本身是否正确。

总之，这种特异性的膨胀被称为宇宙暴胀。当时的宇宙比一个质子还小得多，引起膨胀的原因是由于从高能真空到低能真空所发生的相变导致的。这种从高能真空到低能真空的变化在宇宙学家口中称为由“假真空”到“真正的真空”。

正如水在某个临界温度下气化成为水蒸气，或者凝固成为冰一样，所谓宇宙的相变是指宇宙的物理性质和状态变化成（转移）完全不同的相。

由于这种相变，宇宙的体积迅速扩大到10^{50}倍或者10^{78}倍。如果以简单的方式来表达的话，则是“1万亿倍的1万亿倍的1万亿倍的1万亿倍的1万亿倍的1万亿倍的100万倍”。

正如文字所示，这个指数函数式的膨胀过于剧烈，我们无

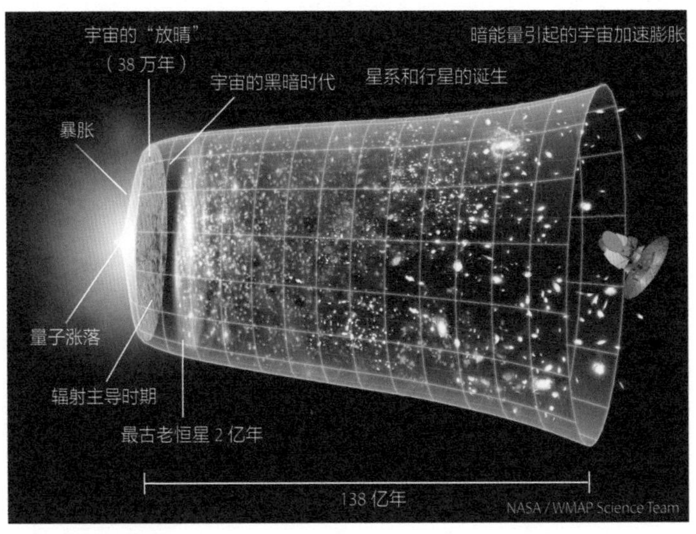

图 6-1　**暴胀的宇宙**

暴胀理论推断，宇宙在比大爆炸刚发生后的一秒钟短得多的时间（图中左侧）内以指数函数的速度急速膨胀。（图片来源：NASA）

法想象当时宇宙变化的样子。

但是，因为宇宙最初是从接近体积为零的状态开始膨胀的。说得通俗点的话，那就像是比用针扎的点还小得多的宇宙膨胀到了像葡萄柚或者直径1米的气球那样。

解释宇宙诞生后急速膨胀的暴胀理论立刻解决了大爆炸宇宙论所存在的各种各样的矛盾，其中特别深刻的矛盾有"宇宙的平坦性问题"和"宇宙的地平线问题"等。与其这么说，不如说这个理论是为此而引入的。

80年代初，美国的理论物理学家阿兰·古斯、东京大学的宇宙学家佐藤胜彦（见图6-2、图6-3）等人提出了宇宙暴胀理论。他们构思的暴胀理论虽然都是宇宙论，但与大爆炸理论的起源不同。

大爆炸理论是从宇宙膨胀的天文学观测中诞生的。美国天文学家维斯托·斯里弗（见图6-4）在1912年通过观测发现了旋涡星系（当时被称为星云）离地球越来越远，并首次产生了"宇宙正在膨胀"的观点。再加上后来的物理学家和宇宙学家的理论研究才产生了现在宇宙论的基本框架，即在宇宙大爆炸后诞生、至今仍在不断膨胀的宇宙。

另一方面，暴胀理论是独立于宇宙观测而被提出来的。这是使用基本粒子物理学的"大统一理论（Grand Unified Theories，GUT）"和量子理论（也是基本粒子理论）产生的纯理论。

因此，如果暴胀理论与大爆炸理论相融合，那也就是宇宙学和基本粒子物理学的融合。宇宙暴胀理论在弥补大爆炸理论的弱点和发展大爆炸理论方面起着至关重要的作用。

图 6-2　**阿兰 · 古斯**
他是提出暴胀理论的麻省理工学院的宇宙学家。他曾是基本粒子物理的研究者，但受到史蒂文·温伯格的刺激，开始研究宇宙论。“暴胀模型”也是由他命名的。（图片来源：Betsy Devine）

图 6-3　**佐藤胜彦**
他是暴胀理论的另一位先驱、东京大学名誉教授。1979—1980 年在丹麦尼尔斯 · 玻尔研究所留学时提出了这一理论。（图片来源：佐藤胜彦）

图 6-4　**维斯托 · 斯里弗**
从 1901 年开始在洛厄尔天文台工作的他发现星系彼此远离。后来埃德温 · 哈勃将其与宇宙膨胀联系在一起。斯里弗一生都在洛厄尔天文台进行观测，他也是冥王星的发现者之一。

辐射支配的宇宙

那么即使宇宙暴胀结束，宇宙也在持续膨胀，只是膨胀速度和温度的下降迅速地减缓了。并且，从大爆炸的瞬间到经过了0.01秒左右的时候，宇宙中发生的一切事情第一次到达了能用现在的物理学来说明的状态。

宇宙的温度和密度下降的时候，超高的宇宙能量最初以辐射的形式释放。这里所说的辐射是指如光子（Photon）等不具有质量的粒子，以及被认为具有极微质量的中微子。它们以光速或亚光速在宇宙中不被任何物体阻挡地自由地飞行（见图6–5）。

那之后被称为“辐射主导时代”，跟由于对称性破缺所出现的物质粒子相比较，辐射占据了绝对性的优势。

在“辐射主导时代”中，根据狭义相对论所预言的质量和能量的等价性，粒子及其反粒子不断碰撞和湮灭，另外光子之间也彼此碰撞产生了粒子–反粒子对。

这样，在辐射和物质粒子不断切换的宇宙中，辐射和物质处于热平衡状态。在热平衡的宇宙中的任何地方，温度都是恒定的，并且一切都是各向同性的。

此时，即宇宙诞生后经过100分之一秒时，宇宙的温度为1000亿K。如果将水的密度设为1，此时宇宙的密度为10^9，即水的10亿倍。宇宙还在以猛烈的速度膨胀着，辐射和物质粒子毫无区别地像超高温的汤一样交融在一起。

1000亿K的粒子所拥有的能量约为8.6MeV。电子和其反粒

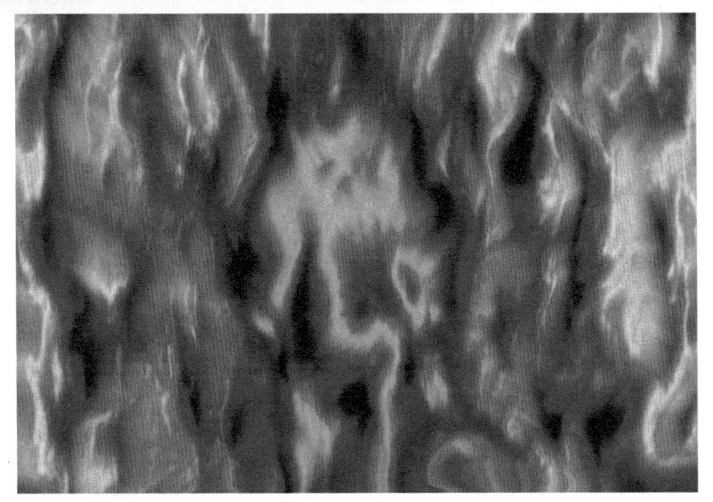

图 6-5 **暴胀后的宇宙（形象图）**
暴胀后的宇宙温度和密度下降，成为由光子和中微子支配的“辐射主导时代”。

子即正电子与光子处于平衡状态，中微子和反中微子也与光子处于平衡状态，从一方到另一方自由地转换。

在这样的宇宙中，反中微子与质子结合产生正电子和中子，中微子与中子结合产生电子和质子。质子的数量和中子的数量几乎是相等的。

宇宙最初的三分钟

宇宙的年龄前进了一点，从宇宙大爆炸的瞬间起经过了0.1秒左右。在这期间，宇宙以惊人的速度持续膨胀，温度下降到数百亿K，密度下降到水的1000万倍。

自由旋转的中子（自由中子）比同样自由旋转的质子更不稳定，在短时间内就会衰变为质子和电子以及反电子和中微子。

这样，开始时大致均衡的中子和质子的平衡就变成了“质子优势”。宇宙学家计算出，在这个时间点，填充宇宙的核子的62%由质子占据，剩下的38%由中子占据。

但是单独存在且不稳定的中子如果和质子结合，形成原子核的话，就能稳定存在了。也就是说，自由中子的衰变会持续到简单的原子核——氘（氢的同位素）核诞生为止。

但是宇宙的温度仍然过高，粒子的能量也在过高的时候不能制造出氘的原子核。虽然此时粒子的能量为2.6MeV，但如此高的能量无法将质子和中子结合在一起，这被称为“氘瓶颈”（见图6–6）。

氘的大量产生是在这种能量下降到质子和中子的结合能量

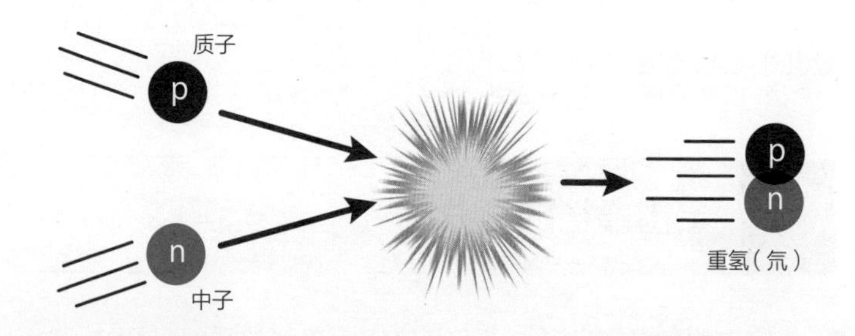

图 6–6　**“氘瓶颈”**
质子和中子想要结合产生原子核（氘），必须经过“氘瓶颈”，即温度过高的时代。

2.2MeV之后。

宇宙从诞生到这时终于经过了1秒。宇宙继续膨胀，温度下降到了100亿K。宇宙的密度现在是水的40万倍。在此前宇宙进化的主角粒子，中微子的活动虽然急速下降，但“氘瓶颈”仍在持续。

在这样的宇宙中，即使产生了氘，也会立即衰变。中子依然会持续衰变成质子。现在，质子增加到了宇宙质量的76%，中子减少到了24%。

接下来宇宙的年龄前进到13.8秒。在温度为30亿K，一切都呈气态分布的宇宙中，粒子所拥有的能量下降到了0.25MeV。

这已经不是光子能制造出电子和正电子这样的粒子对的温度了，因此之前在宇宙中传播的电子会与其反粒子（正电子）发生湮灭，全部变回光子。

“氘瓶颈”状态到现在仍然存在，此时的中子只占宇宙质量的13%，剩下的87%是质子。

然后宇宙诞生后过了3分多钟。前文中在提到电弱统一理论时登场的美国物理学家史蒂文·温伯格在20世纪70年代写的书《最初三分钟》（*The First Three Minutes*）（见图6-7）当时在世界上成为畅销书。现在各位读者所看到的本书的第6章，可以说是对温伯格这本书的内容的更新和概括。

而现代的基本粒子物理，就是想要通过加速器实验来验证宇宙诞生后3分钟左右所发生的事。

图 6-7 温伯格的著作 利用巨大的加速器进行的实验目的正跟这本书的主题一样，就是为了要验证宇宙诞生后的 3 分钟左右所发生的事。

宇宙“放晴”的时代

但是要想看到最新的基本粒子物理在多大程度上与宇宙初期的历史吻合，就必须把宇宙进化的时间表追溯到稍后的时代。

过了3分钟的时候，由于进一步膨胀，宇宙的温度下降到了10亿K，氘的原子核终于可以结合在一起了。这时宇宙终于突破了“氘瓶颈”，迈出了向广阔无边的物质宇宙推进进化的步伐。

首先，中子和质子结合，不断地生成氘的原子核。然后氘核和别的中子以及质子结合，形成氦-4的原子核（α粒子，见图6-8）。这样，之前被留在宇宙空间中的自由中子就会参与氦-4的生成而消失。

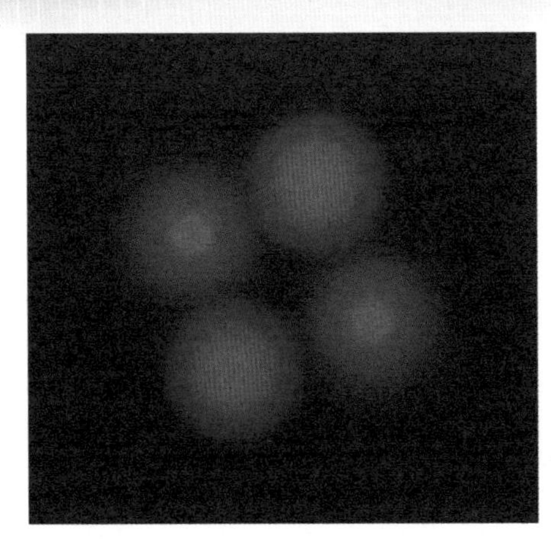

图 6–8　**氦 –4 的原子核（形象图）**
目前宇宙中存在的氘、氦等轻元素是在宇宙大爆炸的初期制造出来的。图中表示的是由 2 个质子（红色）和 2 个中子（紫色）所构成的氦 –4 的原子核。
（图片来源：矢泽科学事务所）

但是在这里不会产生更重的元素。因为氦–5和氦–8（见图6–9）等元素非常不稳定，刚一产生就会衰变。特别是氦–5会在比一万亿分之一秒更短的时间内释放出1个中子，变成氦–4，非常不稳定。

宇宙诞生35分钟后温度达到3亿K。现在，宇宙变成了由质子、没有湮灭的电子、氦–4、光子、中微子和反中微子所形成的浓密气体空间。但即便如此，由于温度过高，还不具备质子和电子结合形成原子的条件。

如果要将这些粒子结合在一起，制造出最简单的元素（氢原子），宇宙温度必须降到几千K。宇宙的温度降到如此之低，膨胀需要数十万年的时间。换句话说，从宇宙大爆炸的瞬间到经过这段时间，宇宙中要么充满辐射，要么辐射和物质保持热平衡状态。

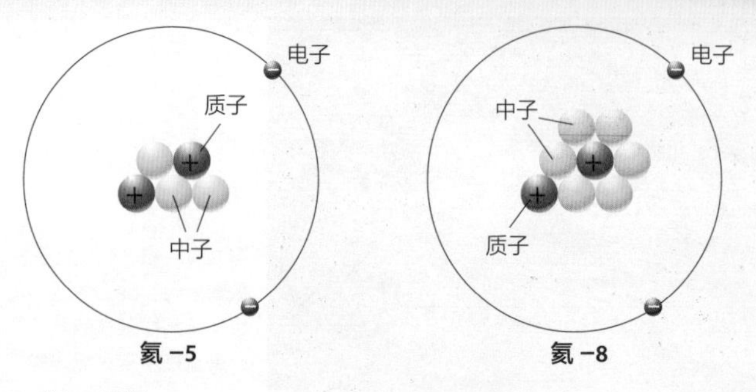

图 6-9 **氦 −5 和氦 −8**
与氦 −4 不同，这些氦的同位素非常不稳定，很快就会衰变成其他粒子。

当温度进一步下降时，辐射和物质的“退耦”开始了。高速翱翔的自由电子被原子核捕捉到，“光子和自由电子相碰撞而四处飞散”的时代即将结束。

就这样，一直被浓雾笼罩模糊不清的宇宙开始向透明的无限空间变化其面貌。在宇宙论的世界中被称为“宇宙放晴”的时代已经到来。

宇宙进化到这里，光就不再被粒子吸收，可以沿直线前进到任何地方，于是出现了我们现在看到的宇宙的原型。在典型的大爆炸理论中，那是在大爆炸之后的38万年。

这是大爆炸理论所导出的宇宙进化过程中的面貌，宇宙在这之后一直持续进化到现在。物质聚集在一起形成无数星星，它们逐渐形成星系和星系团，甚至形成超星系团和宇宙的大尺度结构。

现在的大爆炸理论成了以宇宙微波背景辐射（见图6-10、图6-11）等观测结果为基础的科学理论。

图 6–10 威尔金森微波各向异性探测器（WMAP）

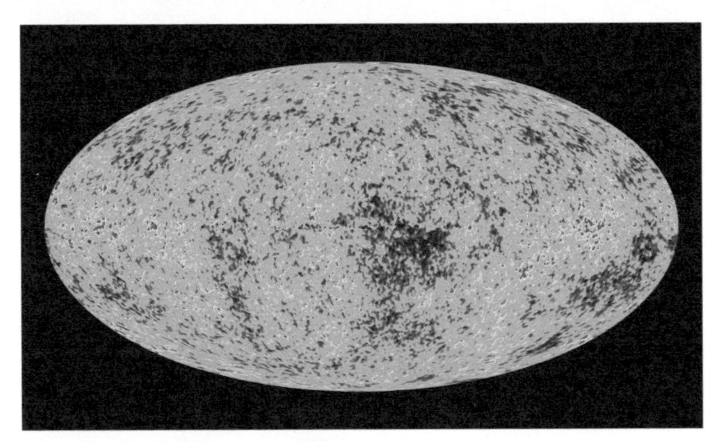

图 6–11 WMAP 采集到的宇宙微波背景辐射
宇宙微波背景辐射被认为是宇宙大爆炸的证据。1992 年宇宙微波背景辐射探测卫星 COBE 首次观测到该辐射。此图片是由 COBE 的后继卫星 WMAP 所捕捉到的宇宙微波背景辐射全天图。

（图片来源：NASA/WMAP Science Team）

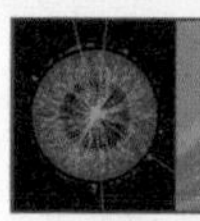

仍然无法解决的谜团

大爆炸理论作为解释宇宙诞生和进化的理论（打破了其他的宇宙论，例如静态宇宙理论和等离子体宇宙论）而取得成功，除此之外也有其他原因存在。

基本粒子物理研究构成宇宙的物质粒子以及在它们之间起作用的力（相互作用）的理论。大爆炸理论一方面可以从宇宙大局来分析，另一方面从基本粒子理论来分析，将两者有机地结合到了一起。

在刚刚我们看到的宇宙的进化过程中，各种基本粒子是在何时如何被制造的？现在的宇宙为什么有氢、氦、锂等较轻的元素的大量存在？通过暴胀理论和大爆炸理论可以顺利地解释这些问题。

而且，这些在宇宙大爆炸之后的过程中形成的较轻元素的大部分与最近观测到的非常古老的恒星组成是一致的。

在我们的银河系中也发现了可以作为证据的一颗恒星。它是2007年被报告的一颗恒星HE 1523-0901（见图6–12），其年龄是132亿年（岁）。

宇宙的年龄被认为是138亿年，如果反过来算的话，这个星球诞生于宇宙大爆炸的6亿年之后，是银河系最长寿的星球之一。

在宇宙进化如此早的阶段就已经诞生了恒星，这对天文学家来说是一个巨大的惊喜。这与刚才提到的星系（银河）形成的

图 6–12　**最古老的星球（形象图）**
在银河系内距离地球约 7500 光年的红色巨星（HE 1523 -0901）。它是被发现的迄今为止最古老的恒星之一。（图片来源：ESO）

理论，即最初物质聚集形成原始星系，形成了其中各个恒星的观点一致。

关于银河和恒星之间是谁先诞生的问题，在过去的几十年里一直是天文学的一大谜团，而观测到最古老的恒星似乎给出了答案。而且，大爆炸理论和基本粒子理论似乎又提高了一些整合性。

那么，现代科学是否已经对宇宙的诞生和进化，以及创造宇宙的所有物质等所有重要的疑问都有了解答呢？遗憾的是这个问题的答案似乎并不那么容易得到。无论是物质还是宇宙，其真实的面貌依然隐藏在神秘面纱的另一边。

第 7 章

未解决的问题

希格斯粒子的发现、力的统一、宇宙微波背景辐射的观测，所有这些都推进了物理学和宇宙学的大幅度进步。但是，物理学家仍在努力解决更加困难的问题。它们甚至就像一堵砖墙一样，拒绝人类的智力挑战。

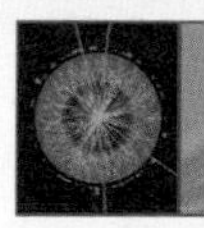

基本粒子物理和宇宙论间的障碍

无论是因发现希格斯粒子的报道而引起世人兴趣的基本粒子理论，还是解释宇宙诞生和进化的大爆炸理论，都很难说是接近完整的科学理论。

因为，这些理论与观测和实验的结果有不少不一致的地方。另一方面，还存在很多困难。比如在今后的观测和实验中很难确认这些理论的正确性。这些物理学理论，还存在着未阐明且极其重要的诸多问题。

例如，在基本粒子物理中的层级问题、未发现的磁单极子问题、质子衰变问题（质子的寿命）、时空的超对称性问题、夸克禁闭问题等几乎都是未阐明或停滞的状态。

在它们之后还有引力和其他3种力的统一，这一更加困难的问题在等待着。

还有，在宇宙论中，暴胀理论的（初期宇宙按照指数函数的速度膨胀）构造问题和如何证明其存在、宇宙的地平线问题和最终的命运、引力波的检测、重子的不对称性（为什么正物质比反物质多得多？）和暗物质及暗能量的真实身份等问题仍然不明确。

此外，额外维度、宇宙暗流（星系团为什么按照一定方向流动？）、量子引力（量子力学和广义相对论的统一）等问题也是21世纪的物理学所面临的障碍。而且解决这些问题的线索是有限的。

在此，让我们来简单了解一下上述未阐明问题中的代表性事例，为什么质子衰变和暗物质会成为问题。

基本粒子物理，一方面追求终极的物质，另一方面，想构筑能够统一说明4种基本力的理论。在其预备阶段的理论“标准模型（标准理论）”中，质子被定位为具有无限寿命的粒子。也就是说，质子绝对不会衰变成夸克。

然而，标准模型只是迈向更远更高目标中的一步。在那之后还有“大统一理论” 在等待着。它在电弱统一理论外还要统一强核力，就必须用一个理论框架来说明除引力以外的3种基本力。

大统一理论虽然远远超过了标准模型的目标，但该理论要求极高的能量，这是目前加速器技术所不能实现的。如果不能实现这些目标，无论如何也不能让人类科学地理解物质世界的根本。

此外，由于大爆炸理论中的暴胀理论部分是建立在大统一理论基础上的假说。所以，如果没有该理论就无法对其进行验证。这也成了牵制宇宙论发展的负担，使其保持停滞的状态，因此这些理论必须向前发展。

而且，即使有一天这一理论完成，在理论中完全排除了引力，通往人类对自然的真正理解的道路仍在遥远的未来。

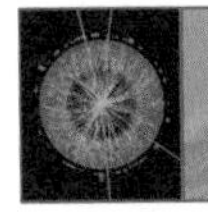

大统一理论和对称性自发破缺

未完成的大统一理论中有多种候选模型。它们分别是SU（5）模型，SUSY SU（5）模型，SO（10）模型等，其中SU（5）模型与实验结果不一致。

哈佛大学的史蒂文·温伯格和谢尔登·格拉肖因为完成了电弱统一理论而共同获得了诺贝尔物理学奖。这些模型也是由他们提出的或者根据他们的模型派生的，除此之外还存在着各种各样的其他模型。

其中最有优势的模型是“对称性”这一概念，它将前一阶段的标准模型引向了宇宙诞生，甚至要过度扩张这一理论。前文中已经提到，对称性是指某个物理性质。它的特性是即使添加了外部的某些变换，物理特性也不会改变。这就是对称性观点假定的，自然界在最基本的层面上是完全对称的。

但是我们看到和听到的4个基本力的对称性几乎都没有得到承认。除去极其微小的引力之外，其他3个力即电磁力、弱核力和强核力，它们的强度也相差有1000亿倍。尽管如此，对称性的思想仍然假设在极高温度伴随极高能量下，这3个力都相等。

当能量提高到某一水平时，电磁力和弱核力就会增大，接近强核力。之后，当能量水平到达了10^{28}电子伏特，这3个力就会具有相同的强度。此时，所有粒子的质量都相同，可以相互自由地交换。

这种理论研究方法与大爆炸理论是紧密相连的。大爆炸理论假设了宇宙诞生于大爆炸，最初是在超高温下对称性极高的状态。此后，伴随着宇宙膨胀和物质冷却，对称性产生了破缺，各种各样的力和粒子产生分枝，形成了我们现在所见的不对称宇宙。

为了浅显易懂地说明该状态的变化，我们经常使用水结冰的例子来说明。室温下的水是对称的，没有“方向”，即使自由地流动或混合，整体的状态也不会改变。然而，当水结成冰时，就会产生一种不对称的方向，即冰的表面和它相反的一侧。

近年来，南部阳一郎等日本物理学家获得诺贝尔奖，使得这种现象在社会上也广为人知，被称为“对称性自发破缺”。

但是，大统一理论试图将3种力统一的方式和詹姆斯·麦克斯韦（见图7–1）曾将电、磁、光统一的做法（麦克斯韦方程组）完全不同。

麦克斯韦指出，电现象和磁现象以及光现象无论哪个都是单一现象的不同侧面。而大统一理论表明，力的统一只在大爆炸后极短的瞬间，也就是说它存在于具有完全对称性的“短暂的黄金时代”。

图7–1 **詹姆斯·麦克斯韦**
19世纪中期，英国理论物理学家麦克斯韦以迈克尔·法拉第的场的概念为基础，提出了将电和磁相结合的电磁理论（麦克斯韦方程组）。并且证明了电磁力可以用场的概念来表达。（图片来源：G.J.Stodart）

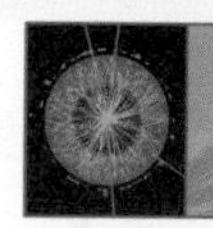

大统一理论追寻质子的衰变

尽管如此，正如刚才所见，被称为大统一理论的各种模型都发出了具有戏剧性和可验证性的预言。所谓的预言就是“质子会衰变”。

根据大统一理论的代表性模型，在高能量下夸克会自发地变成正电子（电子的反粒子），而正电子也会变成夸克。因此，由2个夸克组成的π介子和正电子就有可能变成3个夸克并成为质子。

反之亦然——也就是说，这种转换的逆过程也会在同一环境中发生。质子变为正电子和π介子，或中微子和π介子。物理学家称之为“质子衰变”。

如果这个反应是在宇宙大爆炸之后的非常高温中瞬间发生的话，那么它在低温下，甚至是在像现在的宇宙一样的非常低温的情况下应该也是可以发生的。

因此，不管有多稀少，只要质子中的一个夸克变成正电子，那质子就一定会衰变为π介子和正电子。

根据最简单的大统一理论SU（5）模型的预言，质子的寿命是10^{30}年。在其他模型中，质子的寿命比这个还长得多。譬如说要看质子的衰变，但是谁也等不了这么长的时间。因为即使宇宙重复诞生毁灭1万亿次，我们也不可能等到那样的场面了。

但有代替方案。如果聚集足够多的质子的话，应该能观测到其中偶然发生的质子衰变。如果在一个长宽高均为10米的池子中有1000吨水，至少从计算上来看，在这些水所制作的质子中，一天会有3个质子衰变吧。

20世纪80年代，各国的实验物理学家就建造了这样的池子，用检测器将其周围包围，在宇宙射线无法到达的地下坑道的深处设置了该实验装置（见图7–2、图7–3）。其中一个就是1983年完成的日本的KAMIOKANDE（神冈探测器，见图7–4）。它就是以检测质子衰变为目的而被建造的。

神冈探测器被建造在岐阜县神冈矿山地表下1000米的废矿里。它是由可以储存3000吨纯水的巨大的圆筒形水箱以及设置在墙面上（就像埋在墙里一样）的1000个光电倍增管组成的（见图7–5，现在它已经升级为更大型的超级神冈探测器）。

图 7–2　**IMB 检测器**

80 年代初期，在北美洲五大湖泊之一的伊利湖的湖底下面制造了一个用于观察质子衰变的巨型水箱。照片中央的是正在检查水箱内部的潜水员。

（图片来源：DOE/ 美国能源部）

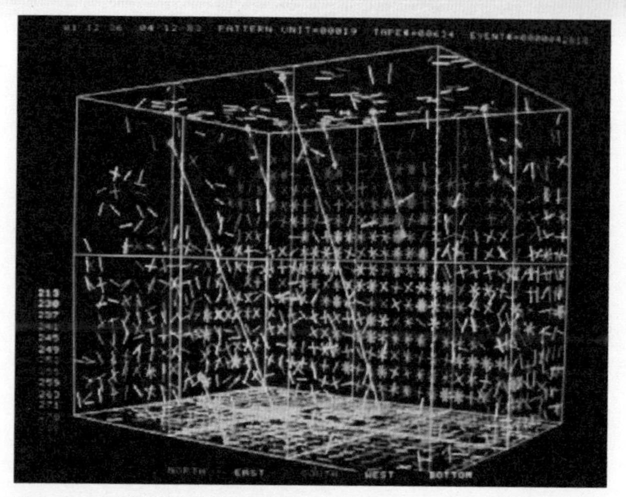

图 7–3　**IMB 捕获的宇宙射线图像**

穿过探测器的宇宙射线（黄色的是 μ 子），本照片是经过电脑图像处理的。当水中质子一旦发生衰变时，它应该变成几个粒子，它们在水中运动时，它们应该发出圆锥形的切连科夫光。　　　　（图片来源：美国能源部）

图 7–4　**神冈探测器（模型）**

初代神冈探测器的模型。虽然没有观察到质子衰变，但是在 1987 年，它捕捉到了超新星 1987A 爆发时产生的中微子。

图 7–5　**光电倍增管**
覆盖神冈探测器墙壁的光电倍增管。当反应在水箱中发生时，它会捕获切连科夫光。
（图片来源：东京大学宇宙射线研究所）

神冈探测器被深埋地下是为了避免宇宙射线等其他粒子的影响。由于质子衰变被认为是极其罕见的现象，因此为了确保捕捉到从衰变中释放出的粒子，就有必要尽量避免能够成为背景噪声的粒子进入检测装置内。

中微子具有极强的物质穿透力，甚至可以很轻易地穿透地球，但是极个别的情况下，中微子有可能与其他物质（原子）发生碰撞。神冈探测器的目的就是通过捕捉这种碰撞反应，来间接检测质子衰变。

然而，尽管世界各地制造的这种检测装置在漆黑的地下空间里持续运行了好几年，也没有观测到质子衰变。现在看来，质子的寿命（假设质子会衰变）至少比大统一理论当初预言的时间长至少数百倍。

在质子衰变实验中没有得到期待的结果，也可以说这是大统一理论的反证。但是这个理论至今在基本粒子物理学家之间非常有人气，为了与实验结果达成一致，他们甚至还创造出了预言质子寿命更长的新理论。总之，大统一理论与宇宙论有着深远的联系，所以无论遇到什么困难都不能放弃。

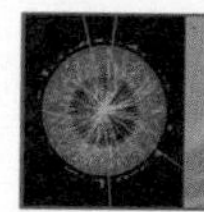

为什么暗物质会成为问题?

如上所述，作为大爆炸理论的一部分，宇宙暴胀理论所涉及的是依据大统一理论，在宇宙诞生后的10^{-34}~10^{-33}秒所假定发生的事件。

但是暴胀理论提出了一个在当前的宇宙中仍然可验证的预言。这意味着该宇宙是“平坦的”，并且其临界密度（Ω）正好等于1。换句话说，在宇宙膨胀与阻止其膨胀的引力（构成宇宙物质的重力）之间存在严格的平衡。

根据这个理论，宇宙会一直持续膨胀，但是随着时间的推移，膨胀速度会变慢。宇宙暴胀理论还可以预测宇宙密度，因为Ω与宇宙的密度成正比。

但是，暴胀理论存在着一个悖论。那就是，该理论所预言的宇宙密度，也就是与Ω为1时所对应的密度相比较，实际观测到的宇宙密度要大出100多倍。

天文学家评估宇宙密度的方法很简单。只要从宇宙中取出适当的体积，并计算出其中包含的星系的数量即可。每个星系的质量都是根据其亮度估算的。但是，以这种方式评估的Ω仅为0.01。

大爆炸理论对宇宙中轻粒子的存在量做出了不同的预言，因此可以计算出包含所有普通物质的密度。从那里导出的Ω介于0.01和0.04之间。

对于Ω值的理论和观测值的不一致，也意味着宇宙暴胀理论的预言可能是完全错误的，抑或是这个宇宙中可能存在着大量的不同于一般物质的物质。

如果宇宙暴胀理论是正确的，那么剩下的答案就是后者。在这种情况下，被假定存在的未知物质就如同黑夜中存在的乌鸦一样，利用光（电磁波）等普通天体观测技术无法发现它，因此被称为“暗物质”。

暗物质也有其他必须存在的理由。那是旋涡星系（见图7–6）奇妙的旋转运动。每个星系都围绕着它的中心，使得整个星系犹如旋转的车轮一般，直径有数万光年，像不会变形的刚体一样。

如果从由数千亿星星构成的大集团——银河系的构造来看，这种奇妙的旋转是完全无法让人理解的。因为本来距中心越远的星星越应该受到影响，旋转速度应该会变慢。

能够解释这一点的理由只有一个，那就是银河系的质量应该比观测到的更大。因此它应该具有更大的引力，这被称为“丢失的质量”，也就是暗物质。

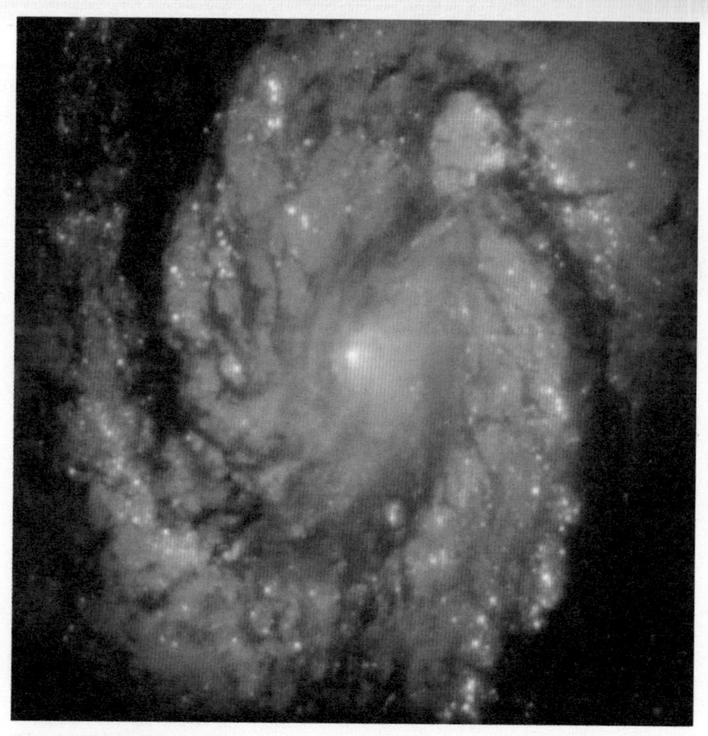

图 7-6　**旋涡星系和暗物质**

后发座所在的旋涡星系 M100。为了解释这样不变形的旋涡，我们必须假设暗物质的存在。

（图片来源：NASA）

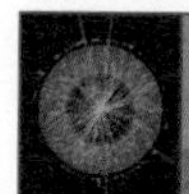

从中微子到弱相互作用大质量粒子

于是，宇宙学家和天文学家都开始寻找暗物质。在寻求它真面目的过程中，各种各样的粒子和物质都成为候选者，然后又被排除它是暗物质的可能性。对于暗物质究竟是什么这件事，到现在为止还没有共识。

然而，根据迄今为止对于暗物质的观测，恐怕至少可以列举出以下两个事实或条件。

第一，它的质量大约是宇宙物质总质量的23%。这与过去对于暗物质质量的理论预言有相当大的差距。一个模型预言了过于大量的暗物质的存在，另一个模型预言的暗物质质量过少。

第二，暗物质可能是一种相当冷的物质。也就是说，制造暗物质的粒子的运动是比较缓慢的。如果它像中微子一样，是以相对论性速度运动的粒子，那么它就不会因为自己的引力而聚集到星系中。

也就是说，中微子即使有微小的质量（实际上现在被认为有微小的质量），也不可能是暗物质的真实面目。

近年来被认为最有希望的候选者的是“弱相互作用大质量粒子（WIMPs）”。这是Weakly Interacting Massive Particles的简称。

WIMPs也是假想粒子。它和中微子一样，诞生于大爆炸之后不久的宇宙，在那之后，由于湮灭并未将其全部消除，一部分留在了宇宙中。

WIMPs的质量较大，与其他粒子不同的是它主要通过引力与其他物质相互作用。被认为是WIMPs的粒子主要有在超对称理论中被预言的超中性子以及在额外维度中出现的卡鲁扎–克莱因粒子，等等。它们都是被假想存在的粒子。

此外，可能是暗物质的候补者中还有轴子（Axion）、弱作用巨兽粒子（WIMPzilla）、Q球（Q-ball）、引力微子

（Gravitino）等很多奇怪的名字。

近年来，除了暗物质之外，科学家也假想了暗能量的存在。暗能量是从1990年以后“宇宙的膨胀正在加速”这一观测中推导出来的。这里所说的膨胀并不是指星系之间相互运动而远离，而是像大爆炸理论所解释的那样，承载星系的空间本身被拉伸的意思。有人提出这种对空间加速膨胀的力量（斥力即排斥力），可能来自“真空能量”，因此它也成为暗能量的有力候补者。

对于如何验证暗物质和暗能量在这个宇宙中以什么形式存在，其意义对于大爆炸理论来说是不言而喻的，同时对于基本粒子物理的大统一理论来说也是重要的试金石。刚刚我们看到了各种各样尚未解决的问题，如果这些理论不能解决这些问题，突破阻挡在理论和实际观测面前的所有障碍，那么谁也无法接近梦想的终点站。

附　录

关于基本粒子术语的通俗读物式解说

基本粒子物理学的世界充满了奇怪的术语和概念，这些术语和概念阻挡了普通大众的求知欲。但是，如果我们一点也看不出它的意思的话，那么基本粒子和物质的世界将仍然一片黑暗。因此，在这里我会用通俗读物式的方式来解释与基本粒子相关的主要词汇及其含义。

基本粒子（elementary particle，fundamental particle）

所谓基本粒子，是指在现在的物理学中不能再分割得更小的真正的基本粒子。它包含夸克、轻子、传播力（相互作用）的媒介粒子规范玻色子，等等。

在20世纪70年代，科学家还提出了一种假说。假设存在制造夸克或轻子的更基本的点粒子前夸克（prequark）和前轻子（他们统称为前子：preon）。但是，这些在20世纪80年代标准模型能够很好地解释基本粒子的世界之后，就很少被讨论了。

W 及 Z 玻色子（weak boson）

是指基本粒子之间起到传播弱核力作用的3种规范玻色子（W^+粒子和W^-玻色子以及Z玻色子）的总称，也叫中间矢量玻色子。基本粒子之间通过交换W及Z玻色子来进行弱相互作用。

1935年，汤川秀树根据介子理论提出了传递粒子间的力的媒介粒子的构想。其中还包括对传播弱核力的粒子的初期提案。这个模型十分简单，因为与后来的观测事实不符而被搁置。

进入20世纪60年代，由哈佛大学的谢尔登·格拉肖、史蒂文·温伯格以及来自意大利的里雅斯特“国际理论物理中心”的阿卜杜勒·萨拉姆提出：传递弱核力的不是介子，而是被称作W玻色子的媒介粒子。汤川的想法终于得以复苏。

W玻色子被预测的质量是质子的50倍以上，其质量极大，我们认为这也是它能减小弱核力到达距离的理由。

在温伯格和萨拉姆于1967年发表“温伯格、萨拉姆理论（电弱统一理论）”中，他们将不带电荷的Z玻色子重新导入weak boson中，另外他们认为由于真空自发性破缺，使得本来是质量为零的规范玻色子得到了巨大的质量。这与在超导的迈斯纳效应中可以看到的在超导物质的周围，电磁力被切断和承载电磁力的光子获得质量的现象相类似。希格斯机制的概念由此而诞生。

1983年，W玻色子是在CERN 的加速器进行的质子-反质子碰撞实验中被发现的，同年CERN发现了Z玻色子。因此，温伯格和萨拉姆的电弱统一理论得到了印证，他们也因此获得了诺贝尔奖。

weak boson从被预言到被发现花了很长时间，这是因为加速器很难达到产生质子的50~100倍大质量粒子的能量水平。

1989年4月，在SLAC国家加速器实验室，该实验室的主任伯顿·里克特等人成功地生成了Z玻色子，这使大量生成Z玻色子成为可能。

夸克（quark）

夸克是构成质子和中子等重子以及介子（它们统称为强子）的基本粒子。

3个夸克可以构成质子或中子。另外，夸克及反夸克的粒子对构成了介子。夸克构成的这些各种各样强子的电荷总数一定是整数。

目前，夸克、轻子、光子被认为是构成物质的最基本单位。但是在加速器实验中，夸克没有被确认为是单独的粒子，即

“自由夸克”。

20世纪60年代初，加利福尼亚理工学院的默里·盖尔曼通过对各种强子的研究发现，强子的量子数的规则性和对称性可以用几个元素的组合来解释。与此同时，CERN的乔治·茨威格也注意到了这一点。

1964年，两人分别独立发表了3种“超级基本粒子”的强子合成模型。茨威格将这种超粒子称为“Ace”（扑克牌里的A），而盖尔曼将其命名为“夸克”。

顺便一提，夸克是表示形容海鸥叫声的英文拟声词。盖尔曼从詹姆斯·乔伊斯所著的《芬尼根的守灵夜》中的一段“Three quarks for Muster Mark!（向麦克老大三呼夸克）”中借用了夸克这个词（他第一次说的是“kwork”）。现在夸克的叫法已经完全定型了。

这3种夸克分别被命名为“上夸克”“下夸克”和“奇夸克”。“上夸克”“下夸克”的名称来源于同位旋（为了统一处理非常相似而电荷不同的粒子的物理量）是向上还是向下。

根据这个夸克模型，强子的性质（量子数）可以通过构成它的夸克的量子数的总和来很好地解释。例如，质子是由2个上夸克和1个下夸克组成，其重子数为1/3+1/3+1/3=1，电荷为2/3+2/3-1/3=1，奇异数=0，没有产生矛盾。

1974年随着J/ψ介子的发现引入了新的量子数“粲数（Charm）”。受此影响夸克模型中出现了第4个夸克“粲夸克”，1977年随着Y介子（ϒ）的发现又增加了第5个夸克“底夸克”。

小林、益川理论还预言了第6个夸克“顶夸克”的存在，但一直没有得到确认。在1995年费米实验室的加速器实验中发现了顶夸克。

目前，与轻子的世代区分相对应，将上夸克和下夸克分称为第1代夸克，将粲夸克和奇夸克称为第2代夸克，将顶夸克和底夸克称为第3代夸克。世代越往后，质量越大，用加速器人工制造需要很大的能量。

正如我们现在所看到的夸克有6种，我们将其称为6种“味（flavor）”的自由度（独立选择的变量的数量）。另外，还有3种“色荷（color）”的自由度也得到了认可。我们可以认为是由于这些组合而产生了各种各样性质的强子。

胶子（gluon）

此词来源于英语单词“glue（胶水）”。它是指连接夸克的粒子（见图附-1），起到传递夸克之间的强相互作用的规范玻色子。其质量为0，电荷为0，自旋1。

1968年在加利福尼亚的SLAC国家加速器实验室的电子-质子对撞机实验中确认了它的存在，但是与夸克一样，没有单独检测出胶子。

与夸克相同的基本粒子电子和中微子是没有色荷的，也不受强核力的影响。由此可以推测强核力是来源于色荷的力量。“量子色动力学（QCD）”试图通过根据电磁力的类推来解释这种色荷的力，甚至是强核力。

胶子与光子一样是质量为零的，但是作为规范玻色子它们的性质有很大不同。因为光子没有电荷，所以光子在电磁场中不会相互作用。但是，由于胶子本身具有色荷，所以它与夸克之间相互作用，同时胶子之间也产生相互作用。

胶子之间虽然可以产生相互作用，但它会让强核力与电磁力非常不同。电磁力与距离的平方成反比，离得越远，力就越弱。但是色荷所产生的吸引力在近距离时变弱、远距离时变强，而达到一定距离以上的话力会平衡。

因此，如果夸克想要单独跑到强子外面的话，就会产生很强的力，最终还是会被拉回来。所以想要单独检测出夸克几乎是不可能的。

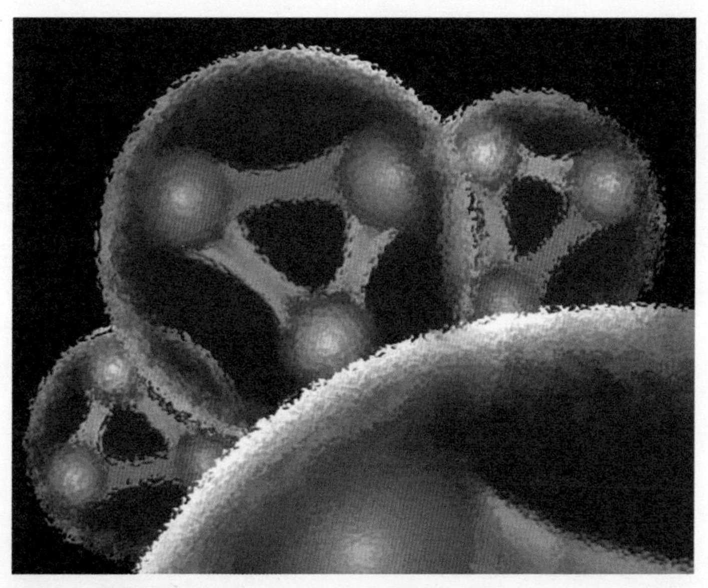

图附 –1　胶子（图像）
胶子可以把构成强子的夸克结合到一起。胶子具有色荷，所以胶子之间也会产生相互作用。

引力子（graviton）

它是在基本粒子间和其他基本粒子间传播引力的媒介规范玻色子（理论上的假想粒子）。爱因斯坦在1916年完成广义相对论时曾预言，就像电荷振动时释放电磁波一样，质量振动时释放“引力波”，并以光速在空间中传播。他还指出，就像把电磁力量子化就能得到光子一样，把引力量子化就会出现“引力子”。

但是，现在“引力的量子化”（就是把引力转换成用量子力学的形式来处理的理论）还没有完成。引力波和引力子的存在也没有得到确认（引力波作为天体现象的间接证据已经被观测到）。

另外，虽然引力可以由质量为0的引力子传递到达无限远的地方，但是引力的大小却只有同样到达无限距离的电磁力的1/1039，这是极小的。这个如此小的引力使得引力波的检测变得极为困难（见图附–2、图附–3）。

图附–2　**引力波天线“LIGO”（激光干涉引力波天文台）**
是美国麻省理工学院和加州理工学院在华盛顿州汉福德共同建造的大型规模性引力波天线。

图附 -3 **韦伯的引力波天线**

美国物理学家约瑟夫 · 韦伯的著名共振型引力波天线。1969 年，他宣布世界上第一个利用这种天线成功探测到引力波，但后来发现实验的失误，他的挑战被称为“韦伯事件”。
（图片来源：NSF）

规范玻色子（gauge particle）

规范场量子化之后获得的粒子也可以称为规范玻色子。规范玻色子包括：传递电磁力的光子、传递弱核力的W及Z玻色子、传递强核力的胶子以及可以传递引力但尚未被确认的引力子。W及Z玻色子以外的规范玻色子质量为零。

在规范场论中所描述的基本粒子之间通过交换这些规范玻色子而产生力（相互作用）。

电子（electron）

电子是构成物质的基本要素之一，是轻子的一种也是最先被发现的基本粒子（见图附-4）。电子的质量是当今已知的带有电荷的粒子中最小的，大约0.51MeV。这大约是质子质量的1/1800。作为极其稳定的粒子，实验确认了它的寿命下限是2×10^{22}年。

1897年，英国的J. J. 汤姆孙（见图附-5）发现了阴极射线管（像过去的电视显像管）的阴极所释放出的能量是带有负电荷的小质量粒子流。汤姆孙将这种粒子命名为“corpuscle（微粒，微小粒子的意思）”。但后来科学家称之为“electron（电子）”，并将其固定下来。

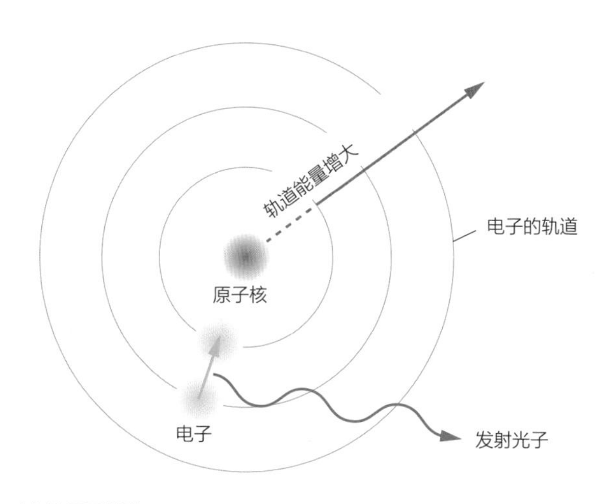

图附 -4 **玻尔的原子模型**
玻尔原子模型修正了长冈半太郎和卢瑟福的原子模型的弱点，开创了量子力学的先河。

图附 –5 J. J. 汤姆孙（Joseph John Thomson）
汤姆孙在 1906 年因为气体的电气传导研究发现电子而获得诺贝尔物理学奖。他还发现同位素，发明质量分析器等也为现代科学做出了重要贡献。

汤姆孙在1906年，因为气体的电气传导研究发现电子而获得诺贝尔物理学奖。他还发现同位素，发明质量分析器等，为现代科学做出了重要贡献。

中微子（neutrino）

中微子属于轻子的一种，电中性。在日语中也有称之为中性微子的情况。

一直以来，中微子的质量被认为是0，但现在有观测证据显示它有极小的质量。由于中微子呈电中性且质量微小，几乎无法确认与其他粒子的相互作用。因此，想要直接检测中微子是非常困难。

中微子有电子中微子、μ中微子以及τ中微子3种，加上它们相应的反粒子，所以被认为是6种。

1903年，在英国的欧内斯特·卢瑟福等人发现的放射性核素衰变现象中，有一个长期困扰研究人员的问题。就是原子核释放一个电子（β射线）后，原子核中增加一个质子，使原子核的种类发生变化的“β衰变”现象。

根据能量守恒定律，此时释放的电子能量必须等于原子核衰变前的质量（能量）与衰变后的质量之差。但实际上电子的能量值的范围较大，这看起来像破坏了能量守恒定律。

1930年，奥地利的沃尔夫冈·泡利提出了一个假说，在β衰变过程中，没有电荷、质量极小、自旋只有1/2的“幽灵般的粒子”只带走了能量。因为觉得它是一种中性的粒子，所以取名为“neutron”。

但是在1932年，原子核内部发现中子之后，马上就赋予它neutron这个名字。因此，泡利预言的粒子用意大利语被重新命名为neutrino。

反粒子（antiparticle）

自然界的所有粒子都存在反粒子。反粒子的质量和寿命跟普通粒子（即正粒子）都是一样的。只有电荷以及量子数的符号等一部分发生了逆转。

最初发现的电子的反粒子“正电子”，除了电荷的符号相反以外，电荷的大小、质量、自旋、寿命都与电子完全相同。

1928年，英国的保罗·狄拉克在相对论性量子力学的研究过程中推导出重要的方程式（狄拉克方程式），并将其应用于电子。他发现即使电子的能量取负值也能满足方程式。

然而，如果电子存在负能量状态，那么宇宙中存在的具有正能量的普通电子将要全部转移成较低能量的“安定状态”。

但是这种现象并没有实际发生，因此剩下的解释只有一种。也就是说，作为正能量和负能量的边界的零能量空间的另一端已经充满了负能量的粒子，阻碍着新粒子的落入。

而且，如果从负能量的世界里拿出一个电子的话，那之后一定会成对出现一个“空穴”。这个空穴在我们眼里呈现的就一定是带正电的电子（即正电子positron）。

狄拉克的这一预言当初只被当作一个思考实验。而在1932年，英国的C.安德森在调查云室中出现的宇宙射线的飞行轨迹时，发现了来自宇宙的正电子（见图附-6）。就这样，狄拉克

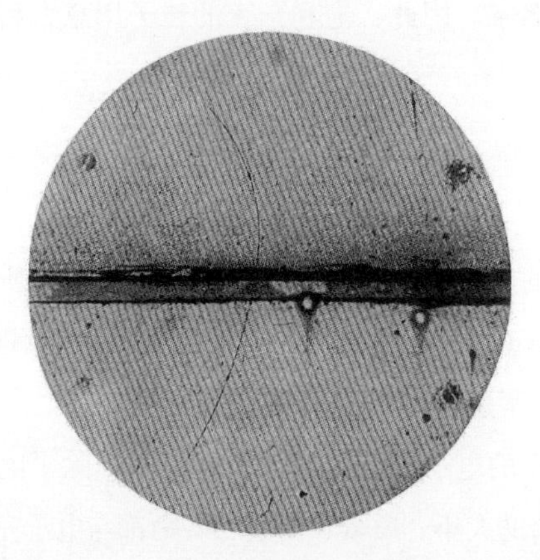

图附 -6　**正电子**

1932 年，在云室实验的宇宙射线中首次发现了正电子的痕迹。这证明了反粒子的存在。

（图片来源：Carl D. Anderson）

的“反粒子”假说得以实现。此后，陆续发现了各种粒子的反粒子。

那么，如果粒子和反粒子相撞，两者的质量就会全部转化为能量，变成光子或介子。这种现象被称为“湮灭”。与此相反，也存在从高能量产生粒子和反粒子对的现象，称为“成对产生”。对湮灭和对生成也成了爱因斯坦方程$E=mc^2$的证明。担任希格斯实验主角的高能加速器，也就是想要利用这个反应来发现新粒子。

希格斯粒子（higgs boson）

当原本没有质量的规范玻色子由于真空自发性破缺获得质量时，希格斯粒子被假想成为能够给予物质粒子和规范玻色子质量的粒子。希格斯粒子与其他基本粒子不同，它的自旋被假想为0。虽然希格斯粒子多年来没有得到验证，但是在2012年的夏天，CERN的LHC加速器实验中发现了它存在的可能性。这个粒子是这本书的主题。

μ子（muon）

μ子是轻子的一种，也有人叫它muon。

1937年，由英国的C.安德森和S.内德梅耶在宇宙射线中发现了它。最初因为这个粒子的质量与1934年汤川秀树预言的“介子”的质量（电子的200~300倍）基本相等，因此被命名为“μ介子”。但是被当作是介子的它并没有与原子核发生强相互作用，还具有非常强的穿透力。

后来在1947年发现了真正的介子（即π介子），同时研究人员发现π介子衰变时释放出了μ子和μ中微子。也就是说，明确了实际上μ子不是介子，而是轻子的一种。因此被命名为“μ子”。

磁单极子（magnetic monopole）

在基本粒子的世界中，磁单极子是假设的仅带有北极或南极的单一磁极的基本粒子。S极磁单极子是反粒子。

在将电磁相互作用、强相互作用、弱相互作用统一的大统一理论的能量领域中，磁单极子被认为充当规范玻色子的作用使夸克和轻子间的交换成为可能。它的质量被推测为1016GeV。

1931年英国的保罗·狄拉克认为电场中有正电荷或负电荷独立存在的情况，而这种情况在磁场中是没有的，这破坏了电场和磁场之间的对称性。为了补充这一事实，他提出了只有N极或只有S极的单极磁性的粒子（磁单极子）的存在。

多年来，磁单极子作为进一步确认自然界中力的对称性的证据，通过多种多样的方法进行了探索，但始终未能确认它的存在。

而在1974年，哈佛大学的H.乔吉和S.格拉肖将“基本粒子的电弱力”和“强核力”统一在一起，共同发表了“大统一理论”。如果这和宇宙大爆炸以后，宇宙进化的脚本相重叠的话，那么至此磁单极子将以新的形式被规定。

根据大统一理论，虽然初期宇宙中将引力、电磁力、强核力、弱核力统一的只有一个力，但随着宇宙大爆炸而迅速膨胀的真空不断发生相变，这时对称性发生破缺，分化出新的力。

但是在破坏大统一发生相变的时候，宇宙中产生的无数真空“气泡”的边界处仍然存在“缺陷”情况，保留下了之前的高能真空。这种“缺陷”是没有大小的，它可能作为磁单极子而存在。

因为磁单极子保留了大统一时宇宙的能量，质量是质子的1016倍。然后，打破弱核力和色荷力之间的壁垒构成质子的夸克变成了轻子，并引起质子衰变。因此，在质子衰变实验中有可能发现磁单极子。

如果磁单极子真的存在，那么质子将拥有有限的生命。宇宙中，质子和中子等重子将不复存在，宇宙也将消失。

但是基于这个新理论进行的超重量级磁单极子的探索没有发现成果。（超级神冈探测器在探索质子衰变和磁单极子，见图附-7）。此外，即使没有磁单极子等真空缺陷，为了不出现问题，宇宙相变模型的修正也正在进行中。

正电子（positron）

电子的反粒子，在英语中也叫antielectron（反电子）。和一般带有负电荷的普通电子相比较，除了它带有正电荷以外，它的质量、半径、自旋、电荷大小等都等于电子。

图附 −7 **超级神冈探测器**

1996 年，超级神冈探测器是神冈探测器的后继者，它的性能得到了大幅提高，它是用于观测中微子的装置。可以储存 5 万吨的超纯水，被约 12000 根光电倍增管包围。

（图片来源：东京大学宇宙射线研究所）

轻子（lepton）

轻子是基本粒子中只参与电磁相互作用和弱相互作用的所有粒子的总称。轻子有：电子和电子中微子、μ子和μ中微子，τ子和τ中微子这3组共有6种（包括它们的反粒子的话共有12种）。也有存在更重的轻子的可能。